Technik, Wissenschaft und Verantwortung

Zusammengestellt und bearbeitet von Holger Paulsen

Lesehefte Ethik
Werte und Normen
Philosophie

Ernst Klett Schulbuchverlag Leipzig
Leipzig Stuttgart Düsseldorf

Lesehefte Ethik – Werte und Normen – Philosophie

Herausgegeben von Gisela Aslam-Malik, Margarete Knödler-Pasch und Manfred Pöpperl

Empfohlen für die Jahrgangsstufen 11 – 13

Gedruckt auf Papier aus chlorfrei gebleichtem Zellstoff, säurefrei.

1. Auflage 1 5 4 3 2 1 | 2001 00 99 98 97

Alle Drucke dieser Auflage können im Unterricht nebeneinander benutzt werden,
sie sind untereinander unverändert. Die letzte Zahl bezeichnet das Jahr dieses Druckes.
Dieses Werk folgt der reformierten Rechtschreibung und Zeichensetzung.

Umschlagentwurf: Gabine Heinze
Satz: Josephin Müller
Druck: Druckerei Wilhelm Röck, Weinsberg

ISBN 3-12-691220-6

Technik und Wissenschaft bestimmen heute unser Leben in nie gekanntem Umfang und Ausmaß. Immer schneller bewegen wir uns von Ort zu Ort, der Flug zum Mond kann bereits gebucht werden. Beinahe täglich kommen Nachrichten aus den Gen-Labors über Entdeckungen, die Forschern und Ärzten neue Möglichkeiten an die Hand geben. Und noch rasanter wächst die Zahl der Anschlüsse ans Internet.
Mit diesen Nachrichten einher gehen auch andere, die Gefahr bedeuten: Das Ozonloch wird von Jahr zu Jahr größer, die Temperatur der Atmosphäre steigt zusammen mit dem CO_2-Gehalt, Krankheiten wie Malaria nehmen ständig zu, die Polkappen schmelzen, der Meeresspiegel steigt, die Unwetter werden heftiger, die Wüste wächst, die Zahl der Menschen nimmt etwa alle zehn Jahre um eine Milliarde zu. Damit sind nur einige der Gefahr bringenden Veränderungen angesprochen, die gleichfalls durch Technik und Wissenschaft verursacht werden.
Es sieht ganz so aus, als ob die jetzt lebenden Menschen den zukünftigen Generationen die Lebensgrundlage entziehen und damit zur Vernichtung großer Teile oder aber der Zivilisation insgesamt beitragen. Viele halten diesen Prozess für nicht mehr umkehrbar. So antwortet Dennis Meadows, Verfasser der bekannten »Grenzen des Wachstums« auf die Frage, wie viel Zeit noch bleibe, das Steuer herumzureißen: »Es ist bereits zu spät«.
Diese Doppelgesichtigkeit, diese Janusköpfigkeit von Technik und Wissenschaft, nehmen die ersten beiden Kapitel der Textsammlung auf. Kapitel III sucht nach einem Lösungsansatz für die Problematik. Und da zeigt sich, dass in der Antike sowohl das Wissen um die ungeheuren technischen Fähigkeiten des Menschen vorhanden war als auch die Erkenntnis, dass sich diese Fähigkeiten mit dem Willen zum Guten, also mit Moral verbinden müssten.

Notwendig ist vor allem ein neues Denken …

Als René Descartes die Wissenschaft für die Neuzeit neu definierte, machte er die Moral zur »Dienerin« der Wissenschaft, zu einer »Moral auf Zeit«. Erst Immanuel Kant, der dem kategorischen Imperativ vor den Imperativen der Klugheit und der Geschicklichkeit den Vorrang einräumte, kehrte dieses Verhältnis in seinem Denken wieder um. Damit weist er weit über seine und unsere Zeit hinaus. Nur ein Jahr später erfolgte mit Jeremy Benthams »hedonistischem Kalkül« ein zweiter zukunftsträchtiger Ansatz.
Im 20. Jahrhundert gewinnt der Begriff der Verantwortung immer mehr an Bedeutung, wie Kapitel IV zeigen möchte. Zugleich erfolgt eine Ausweitung des Bereichs der Verantwortung. Albert Schweitzer rief auf zur »Ehrfurcht vor dem Leben«; Walter Schulz unterscheidet Verantwortung im Nah- und Fernhorizont; Hans Jonas bringt die Dimension der Zukunft in den Blick und denkt an die Möglichkeit einer »kosmischen Verantwortung« für die Menschheit. Den Trägern dieser Verantwortung wendet sich das Kapitel V zu. Es möchte Möglichkeiten für den Einzelnen aufzeigen, für den Wissenschaftler, den Politiker, den Mannn auf der Straße.
Wege in die Zukunft will schließlich Kapitel VI weisen. Von den vielen möglichen werden drei ausgewählt, die bereits gewisse Erfolge erzielt haben: Die internationalen Konferenzen haben das Bewusstsein wachsen lassen, dass wir letztendlich alle in demselben Boot sitzen, im »Raumschiff Erde« nämlich. Die Welt ist unterwegs zu einem neuen Denken. Auf der Konferenz von Rio wurde die Nachhaltigkeit zum Leitbegriff, d. h. es wurde ein weitgehender Konsens dafür erreicht, dass die Bedürfnisse heutiger Generationen befriedigt werden sollten, ohne diejenigen der kommenden Generationen zu gefährden. Das Modell des Wuppertal Institutes, hinter dem der BUND und Misereor, zwei sehr erfolgreiche Vereinigungen stehen, proklamiert die Notwendigkeit neuer Werte und einer gerechten Verteilung der Güter. Einen dritten sehr praktischen Weg zeigen private Institutionen, von denen eine ihres Mutes und ihrer Entschlossenheit wegen besonders hervorgehoben sei: Greenpeace.
Die Ausgangsfrage: »Ist die Menschheit noch zu retten?« kann auch am Ende dieses Heftes nicht eindeutig beantwortet werden. Dennoch: Die Texte möchten Hinweise geben und Möglichkeiten aufzeigen, wie der Mensch seiner Verantwortung für die belebte und unbelebte Natur auf dieser Erde, soweit er sie belastet, gerecht werden kann. Wer fragt und weiter fragt, kann an Lösungen mitarbeiten. Es kommt darauf an, dort zu beginnen, wo man selbst Verantwortung trägt.
Der letzte Text in Kapitel VII kann sogar Hoffnung wecken. Eberhard Richter hat beobachtet, dass die »Menschen Zeugnis ablegen wollen« und es Anzeichen dafür gibt, dass die Sehnsucht nach einer Veränderung im positiven Sinne wächst.
Vielleicht vermitteln auch die Texte insgesamt den Eindruck, dass das Bewusstsein dafür wächst, dass Wissen und Moral zusammengehören. Zugleich aber wissen wir, dass wir von dem einstmals von Kant formulierten Ziel einer moralischen Welt noch weit entfernt sind, und so kann damals wie heute gelten: »Wir sind in hohem Grade durch Kunst und Wissenschaft kultiviert. Wir sind zivilisiert bis zum Überlästigen. Aber, uns schon für moralisiert zu halten, daran fehlt noch sehr viel.«

1 Ist die Menschheit noch zu retten?

Hans-Georg Rauch: Evolution

»Unsere Erde neigt sich so langsam dem Ende zu«
Ein Interview

Christiane ist 19 und lebt am Rande von Ostberlin. Christiane gilt als Gruftie.

Christiane, deine Haare hast du pechschwarz gefärbt, seit drei Jahren trägst du von Kopf bis Fuß nichts als Schwarz. Warum gerade Schwarz?

Weil mir das einfach gut gefällt.

Du könntest ja auch nur Grün oder Rot tragen.

O Gott! Bloß das nicht. Nein, das ist schon so, dass das Schwarz mir einfach entspricht, aber ich trag das nicht, um den Leuten zu zeigen, ich bin anders als ihr.

Aber das Schwarz ist doch mehr als pure Geschmackssache.

Na ja, das ist schon so, dass ich auch in meiner Anschauung – wie sagt man – auch ein bisschen anders denke als viele. Ich bin von Natur aus Pessimist. Da fühl ich mich einfach wohl in solchen dunklen Sachen, das spiegelt schon mein Inneres wider.

Hast du auch andere Farbtöne in deinem Kleiderschrank?

Eigentlich nicht. Das heißt, ich hab auch eine weinrote Bluse, und für meine Ausbildung als Hotelfachfrau werde ich wohl gezwungenermaßen auf Grautöne umsteigen müssen. Aber ich kann mir absolut nicht vorstellen, mir grüne oder gelbe Klamotten überzustülpen, da würd ich mir so vorkommen wie zum Fasching. So knackbunt, das wär für mich wie verkleidet.

Wie kommt es, dass all deine Freundinnen und Freunde auch Schwarz tragen? Das ist doch kein Zufall, dass die Leute euch Grufties nennen.

Ich find den Begriff Gruftie unheimlich blöd, ich würde mich nie so einstufen, weil ich diese Eingruppierungen absolut nicht mag. Bei Otto Normalverbraucher sind wir immer die Grufties und werden komisch angegafft, als ob wir was ganz Besonderes wären. Das ist einfach so, dass wir furchtbar gern schwarz gekleidet gehen und ein bisschen andere Musik hören als die breite Masse. Ich diskutiere auch gern mit anderen Leuten, um mal deren Meinung zur hören, aber am liebsten sind mir doch die Leute, die dieselbe Einstellung haben wie ich.

Und die lautet wie?

Ganz grob gesagt: Die Welt ist schlecht. Ich bin der Meinung, das geht nicht mehr lange weiter so. Das ist bald zu Ende.

Das Outfit ist also der Weltuntergangsstimmung angepasst?

Ja, eindeutig. Ich seh halt schwarz. Wenn ich den Fernseher anstelle und mir die Nachrichten angucke und mitkriege, wie viele Leute in Jugoslawien wieder umgekommen sind und dass das Ozonloch schon wieder größer geworden ist, die Leute sich gegenseitig total kaputtmachen und was weiß ich – da glaube ich, dass unsere Erde sich so langsam dem Ende zuneigt.

Bist du nicht trotzdem auch glücklich?

Glücklich ist so'ne Sache. Sagen wir lieber: zufrieden. Ich versteh mich mit meinem Freund ganz gut, mit meiner Mutter auch, sagen wir mal so: Ich bin zufrieden. Aber unter Glück stell ich mir was anderes vor.

Zum Beispiel?

Dass die gesamte Umwelt, also die Umgebung, in der ich lebe, stabiler wäre. Wenn ich sehe, dass die Bäume allmählich absterben und doch aller möglicher Dreck weiter in die Seen gepumpt wird, dann kanns einem wirklich vergehn.

Und daran lässt sich nichts ändern?

Ich hab den Eindruck, unsere Politiker wollen daran nichts ändern. Es gibt total viele Sachen, die mich entsetzen lassen. Aber ich habe es langsam aufgegeben, mich da reinzuknien. Ich hörs mir immer nur an, und das reicht mir dann schon, weil alle Nachrichten eben negative Nachrichten sind, und deswegen hab ich auch keine Lust, mich da hineinzusteigern. Ich reg mich sonst unheimlich auf, dass die Leute so sind.

Lebst du nicht gerne?

Wenn ich nicht gerne leben würde, dann säße ich schon nicht mehr hier, da hätte ich mir längst was ausgedacht. Es ist ja nicht so, dass ich mit mir selbst nicht klarkomme. Ich bin ja nicht depressiv. Ich finde das nur einfach unheimlich traurig, was um mich herum passiert. Aber ich denke mir, ich kann als einzelner Mensch nichts ändern.

Hast du es denn versucht?

Eigentlich nicht. Ich mach das eher mit mir selber aus. Und solche Gruppierungen wie Greenpeace, die immer wieder versuchen, das Ruder herumzureißen, fassen nicht so Fuß. Ich denke, dass da nicht mehr viel zu machen ist.

Was, glaubst du, wäre aus dir geworden, wenn es die DDR noch weiter gegeben hätte? Würdest du dann auch so rumlaufen?

Ich glaube, da wär ich nicht wesentlich anders geworden, als ich jetzt bin. Gut, die hätten zwar blöde geguckt wegen der schwarzen Klamotten, aber die hätten mich deswegen nicht nach Hause geschickt. Ich hab damals das gesagt, was man von mir hören wollte und war ansonsten völlig passiv. Wir hatten unsere FDJ, wir hatten unsere Hausaufgaben zu machen und damit hatte sich der Film für mich. Über Politik hab ich damals nicht viel nachgedacht. Ich hab mir damals bloß schon gesagt, dass man als Einzelner nicht viel machen kann. Ich mach' das eben alles mit mir selber aus und fühl mich ganz gut dabei.

Trotz Weltuntergang?

Doch, eigentlich schon.

Modernes Leben 91. Interview v. Vera Gaserow. – In: DIE ZEIT. – Nr. 48 vom 20.11.1992. Hamburg: Zeitverlag G. Bucerius. – S. 91

1) Warum glaubt Christiane, dass sich »unsere Erde so langsam dem Ende« zuneigt?

2) Würden Sie Christiane zustimmen? Welche Gründe sprechen für und welche gegen Christianes Standpunkt?

3) Wie stehen Sie zu Christianes Meinung, dass ein einzelner Mensch nichts ändern könne.

Ulf Merbold · **Der himmlische Ausblick**

Für den Ausblick aus den Fenstern des Cockpits gab es keine Worte. Vor allem die Schönheit unseres Heimatplaneten Erde raubte mir den Atem.

Aus unserer Höhe von 250 km betrug die Entfernung bis zum Horizont 1800 km. Wir konnten also nicht die gesamte Erde sehen, sondern überblickten eine Scheibe von etwa 3500 km Gesamtdurchmesser. Die Nähe der Erde gab uns das Gefühl, noch immer ihren mütterlichen Schutz zu genießen. Das war zwar trügerisch, aber im Falle einer Notsituation wären wir immerhin in der Lage gewesen, innerhalb weniger Stunden am Boden zu sein. Wie anders mögen sich die zwölf Amerikaner auf dem Weg zum Mond gefühlt haben? Sie hätten nicht einfach umkehren können. Erst mussten sie zum Mond fliegen, da seine Anziehungskraft die Apollo-Kapsel wieder zur Erde zurückschleuderte. Die vielen Bilder zeigen, dass für sie die Erde zu einer kleine Scheibe schrumpfte. Sie sahen die Heimat als einen fernen Körper am Firmament.

Trotz der relativen Nähe unserer Umlaufbahn sahen wir die Krümmung des Horizonts. Darüber erstreckte sich der pechschwarze, unendliche Weltraum. Darunter aber leuchtete unser Heimatplanet in den Farben weiß und blau. Das Blau rührt von den großen Ozeanen, das Weiß von den Wolken her.

Um den Horizent zieht sich ein königsblauer Saum von geradezu hinreißender Schönheit. Er ist hauchdünn und wird von der irdischen Atmosphäre, der Lufthülle, gebildet.

In meiner Kindheit hatte ich öfter Ausdrücke wie Luftozean oder Luftmeer gehört. Sie suggerierten eine fast unbegrenzte Mächtigkeit der Lufthülle. Nun rührte es mich wie ein Donnerschlag, wie wenig davon um den Erdball vorhanden ist. Immerhin hängt das Leben davon ab.

Ist die Sonne untergegangen, sieht man den Sternenhimmel leuchtend klar. Von der Schönheit der hellen Wintersterne – wie Sirius – und ihrer Sternbilder waren wir alle beeindruckt. Sie standen am Himmel, ohne zu funkeln. Von unserer Position aus betrachteten wir sie nicht durch die Atmosphäre hindurch, sodass die Lichtbrechung keine Rolle mehr spielte. Viel deutlicher als am Boden konnten wir ihre Farben unterscheiden. Der Stern Rigel im Sternbild Orion leuchtete zum Beispiel blau, während Beteigeuze, der linke Schulterstern des Orion, in rötlichem Licht erstrahlte.

Eine Überraschung erlebte ich, als ich Sterne beim Untergehen beobachtete. Erst verschwanden sie, dann tauchten sie nochmals auf, und wenig später waren sie endgültig untergegangen. Ich litt keineswegs an Halluzinationen, sondern des Rätsels Lösung liegt in der OH-Schicht ... Nähert sich ein Stern dem Horizont, dann sinkt er durch diese in etwa 85 km Höhe liegende Schicht hindurch. Sein Schein wird dabei vom hellen Infrarotlicht, das von ihr ausgeht, überdeckt. Hat der Stern diese Schicht passiert, nimmt ihn das Auge wieder wahr, bis er unter dem wirklichen Horizont verschwindet.

Wolkenfreie Ansicht der Erde

Alles in allem machte die Erde auf mich einen zauberhaften, einen wundervollen, zugleich aber auch verletzlichen Eindruck. Man denke nur daran, wie dünn die Lufthülle ist, von der alles Leben abhängt. Außerdem bewirkte der Umstand, dass es uns nur neunzig Minuten kostete, einmal unseren Heimatplaneten zu umrunden, dass er zusammenschrumpfte. In den Tagen meiner Kindheit brauchten wir fast einen ganzen Tag, um mit der Bahn von Greiz zu meinen Verwandten nach Erfurt zu fahren. Entsprechend selten wurde die Reise unternommen. Wenn wir uns aber einmal aufmachten, wurde schon am Vortag gerüstet. Damals lag Amerika für mich auf einem anderen Stern, so unvorstellbar weit war es weg. Nun ging mir auf, dass der Erdball nur eine kleine Kugel ist. Sie ist ein Raumschiff für die Menschen und alle anderen Lebewesen.

Ein westeuropäisches Land von der Größe Frankreichs oder der Bundesrepublik Deutschland wird innerhalb einer Minute überflogen. Wenn man herunterschaut, erkennt man alle Strukturen der Natur und sogar die von Menschenhand geschaffenen Veränderungen wie zum Beispiel die Kanäle. Man bemüht sich allerdings vergeblich, die Grenzlinien zu finden, die in allen Landkarten so überdeutlich eingezeichnet sind. Seither habe ich mich immer wieder gefragt, warum mein Großvater im Ersten Weltkrieg als Soldat in unser Nachbarland marschierte und warum mein Vater im Zweiten Weltkrieg dieselbe Torheit wiederholte. Ebenso wenig konnte ich verstehen, warum französische Soldaten im Laufe der Geschichte immer wieder in unser Land eingefallen sind. Bis heute konnte ich keine Antwort finden. Es kam mir vor wie ein Alptraum, dass auf der Kugel unter uns noch immer bewaffnete Auseinandersetzungen geführt werden und dass es in weiten Teilen katastrophalen Hunger gibt. Der Zorn über so viel Dummheit hat mich seither nicht wieder verlassen.

Die Hochrüstung erscheint mir seit meinem Weltraumflug als die groteskeste Entgleisung der menschlichen Vernunft. Mit der Vernichtungskraft der von den Supermächten angehäuften Waffen würde das Leben auf diesem schönen Planeten vernichtet werden. Das Furchtbare ist, dass kein Bewohner der Erde dieser existenziellen Bedrohung entrinnen kann, weil es beim Raumschiff Erde kein Aussteigen gibt.

Seither berührt es mich viel mehr als früher, wenn Völker eine jahrhundertealte Feindschaft beenden. Als sich der Präsident Frankreichs und der Kanzler der Bundesrepublik Deutschland über den Gräbern der Gefallenen die Hände zur Versöhnung reichten, empfand ich das als ein hoffnungsvolles Zeichen. Angesichts der Zerbrechlichkeit und geringen Größe unseres Planeten gibt es für alle Politik die Pflicht zum Frieden. Aufgrund dieser Einsicht hatte die christliche Botschaft zum Weihnachtsfest 1983: »Friede sei auf Erden« für mich neue, existenzielle Dimensionen bekommen.

Merbold, Ulf: Flug ins All. Von Spacelab 1 bis zur D1-Mission. – Bergisch-Gladbach: Gustav Lübbe Verlag, 1986. – S. 191 ff.

1) Geben Sie die Sicht des Autors auf den Planeten wieder!
2) Welche Schlussfolgerungen zieht er daraus für das Verhalten der Menschen?
3) Welche Möglichkeiten für eine »friedliche Zukunft der Menschheit« sehen Sie?

»Es ist bereits zu spät«

Interview mit Dennis Meadows über die Gefährdung des Planeten

Hans-Georg-Rauch: Beim Club of Rome sitzen Sie in der ersten Reihe.

SPIEGEL: Als Sie 1972 die Studie »Grenzen des Wachstums«, eine Auftragsarbeit des »Club of Rome«, veröffentlichten, sorgte das zwar für Aufsehen, wurde aber nur von wenigen ernst genommen. Jetzt reden manche Regierungschefs so, als ob sie bei Ihnen abgeschrieben hätten. Stimmt Sie das nicht optimistisch?

MEADOWS: In gewisser Weise ja. In der Frage des drohenden Klimawandels arbeiten Regierungen erstmals zusammen, um ein zukünftiges Umweltproblem zu vermeiden. Normalerweise werden sie erst aktiv, wenn der tatsächliche Schaden bereits so groß ist, dass er nicht mehr ignoriert werden kann. Aber grundsätzlich bin ich nicht optimistisch, denn auch in den laufenden Diskussionen bemüht man sich nicht um grundlegende Veränderungen, um die Wachstumsdynamik in unserer endlichen Welt zu begrenzen.

SPIEGEL: Wieviel Zeit bleibt denn Ihrer Meinung noch, das Steuer herumzureißen?

MEADOWS: Jetzt ist es bereits zu spät. Die Umweltbedingungen haben sich schon so verschlechtert, dass wir bald nicht einmal die gegenwärtige Weltbevölkerung ernähren und unseren angenehmen Lebensstandard erhalten können.

SPIEGEL: Was aber, wenn sich die grünen Lippenbekenntnisse der Politiker nun sehr rasch in konkretes Handeln verwandeln sollten?

MEADOWS: Unser Gesellschaftssystem verfügt über eine Dynamik, die sich nicht so einfach stoppen läßt. Die Welt rast wie ein Auto auf einen Wald zu. Auch wenn wir jetzt sofort versuchten, stehen zu bleiben, wäre der Bremsweg zu lang. Ein Aufprall lässt sich nicht mehr vermeiden.

SPIEGEL: Auf welchen Baum werden wir denn knallen?

MEADOWS: Die Fahrgeschwindigkeit des Autos ist entscheidend, nicht die Frage, welcher Baum es denn sein wird. Solange wir weiter auf das Gaspedal treten, könnte es das Ozonloch, die Bodenerosion oder das Verseuchen der Trinkwasserreserven sein, und wenn es gelingen sollte, mit Hilfe modernster Technologien eines dieser Probleme zu vermeiden, wird uns ein anderes einholen.

SPIEGEL: Wäre das dann das Ende der Menschheit?

MEADOWS: Als Gattung werden wir wohl überleben, aber nicht die ressourcen-intensive Zivilisation, wie wir sie heute kennen.

SPIEGEL: Halten Sie in der Zukunft Umweltkriege für unvermeidlich?

MEADOWS: Übervölkerung, die zwangsläufig zu Armut und Spannungen führt, verschärft schon heute viele Konfliktherde in der Welt.

SPIEGEL: Haben Sie manchmal Lust, noch einmal ein großes, aufrüttelndes Buch zu schreiben?

MEADOWS: Ich habe mich lange genug als globaler Evangelist versucht und dabei gelernt, dass ich die Welt nicht verändern kann. Außerdem verhält sich die Menschheit wie ein Selbstmörder, und es hat keinen Sinn mehr, mit einem Selbstmörder zu argumentieren, wenn er bereits aus dem Fenster gesprungen ist.

SPIEGEL: Haben Sie völlig resigniert?

MEADOWS: Keineswegs. Ich habe nur die Grenzen sehr eingeschränkt, innerhalb derer ich mich verantwortlich fühle. Aber im kleinen Bereich gibt es sehr viele sinnvolle Dinge zu tun: Ich lehre an einer Universität und entwickle Computerspiele, die Studenten vielleicht wichtige Einblicke vermitteln können.

SPIEGEL: Welche?

MEADOWS: Wie sich die Entscheidungsträger in den verschiedensten Ländern verhalten müssten, damit die Bevölkerungszahlen nicht weiter ansteigen und die Umwelt nicht auf Kosten kommender Generationen ausgebeutet wird.

Der Spiegel 46/1988. – Hamburg: Spiegel-Verlag. – S. 118.

Standardlauf des Weltmodells (vereinfachte Darstellung)

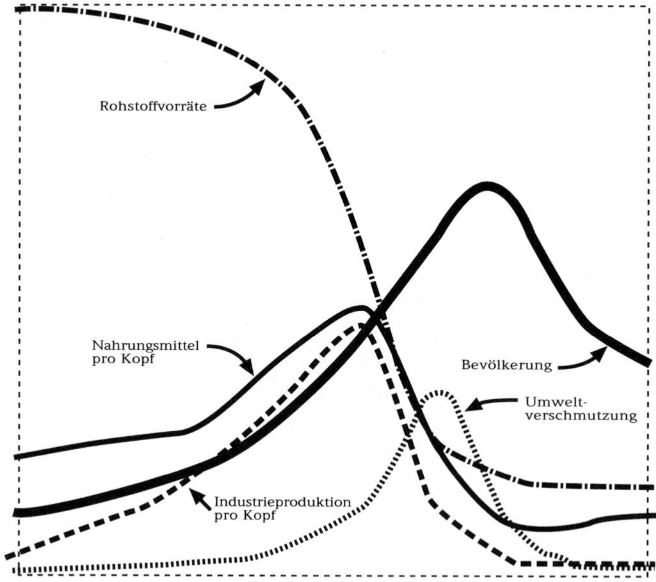

Der Standardlauf des Weltmodells zeigt die Ergebnisse der Computer-Simulation unter der Voraussetzung, dass keine größeren Veränderungen physikalischer, wirtschaftlicher und sozialer Zustände eintreten, also die Entwicklung in gleichen Tendenzen verläuft, wie sie sich jetzt abzeichnet. Alle eingespeisten variablen Größen sind die der historischen Entwicklung von 1900 bis 1970. Nahrungsmittelerzeugung, Industrieproduktion und Bevölkerungszahl steigen weiter exponentiell, bis die rasch schwindenden Rohstoffvorräte zum Zusammenbruch des industriellen Wachstums führen. Da aber zeitliche Verzögerungsfaktoren wirken, steigen die Bevölkerungszahl und Umweltverschmutzung auch danach noch einige Zeit weiter. Fallende Nahrungsmittelversorgung und der Ausfall medizinischer Fürsorge führen zu einer steigenden Sterberate und zu einem Stopp des Bevölkerungswachstums.

Dennis Meadows u. a.: Grenzen des Wachstums. – Stuttgart: Deutsche Verlagsanstalt, 1972. – S. 113.

Danella und Dennis Meadows · **Wachstum der Weltbevölkerung**

Um das Jahr 1650 gab es etwa 500 Millionen Menschen auf der Erde. Die jährliche Wachstumsrate betrug damals rund 0,3 Prozent. Das entsprach einer Verdoppelungszeit von 250 Jahren. Bis 1900 war dann die Weltbevölkerung auf 1,6 Milliarden angestiegen, ihre Wachstumsrate auf 0,5 Prozent. Die Verdoppelungszeit betrug nur noch 140 Jahre. 1970 erreichte die Bevölkerungszahl 3,6 Milliarden bei einer Wachstumsrate von 2,1 Prozent. Das war nun kein exponentielles Wachstum mehr, es war superexponentiell geworden, denn die Wachstumsrate selbst wuchs exponentiell.

Die Ursachen dafür sind an sich durchaus erfreulich: Die Sterberaten sind gefallen. Zwar sind auch die Geburtenraten zurückgegangen, jedoch sehr viel langsamer. Weniger Sterbefälle bei noch immer zahlreichen Geburten: das hat die Zahl der Menschen drastisch erhöht. Zwischen 1971 und 1991 fiel die Sterberate weiter, aber auch die Geburtenrate ging etwas stärker zurück. Während in dieser Zeit die Weltbevölkerungszahl von 3,6 Milliarden auf 5,4 Milliarden stieg, ging die Wachstumsrate von 2,1 auf 1,7 Prozent zurück. Das ist eine sehr beachtliche Veränderung, doch sie bedeutet keineswegs, dass sich das Bevölkerungswachstum nun allmählich Null nähert. Trotz der geringeren Wachstumsrate war 1991 der Bevölkerungszuwachs in absoluten Zahlen höher als jemals zuvor. Die Tabelle erklärt, warum:

Zuwachs der Weltbevölkerung 1971 und 1991

Jahr	Bevölkerung	x	Wachstumsrate	=	Zuwachs
1971	3,6 Mrd.	x	2,1 % jährl.	=	76 Mio.
1991	5,4 Mrd.	x	1,7 % jährl.	=	92 Mio.

Der demographische Übergang

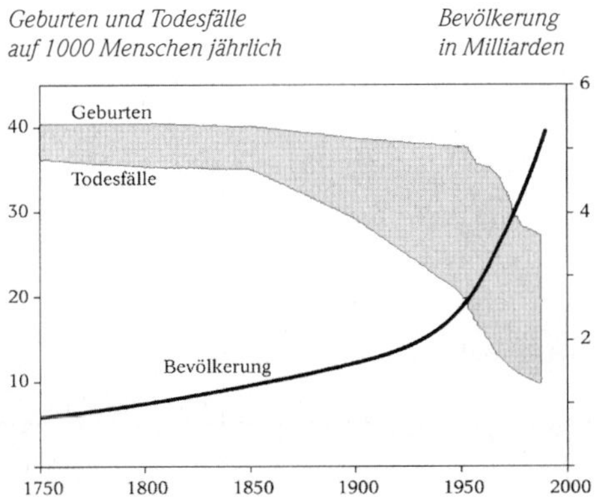

Die gerasterte Zone zwischen Geburten und Todesfällen ergibt die jeweilige Rate des Bevölkerungswachstums über der betreffenden Jahreszahl (untere waagerechte Skala). Bis etwa 1970 hat weltweit die Zahl der jährlichen Todesfälle rascher abgenommen als die Zahl der Geburten. Dadurch stieg die Wachstumsrate der Bevölkerung. Seit 1970 fällt die Geburtenzahl ein wenig rascher als die Zahl der Todesfälle.

Bevölkerungszuwachs

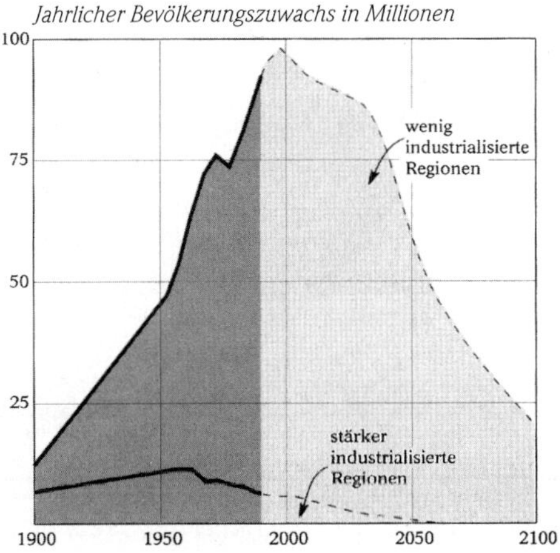

Die Zahl der Menschen, die jedes Jahr zusätzlich die Erde bevölkern, wird nach den Hochrechnungen der Weltbank noch mindestens ein Jahrzehnt weiter zunehmen. Doch es handelt sich hierbei um sehr optimistische Annahmen; wenn man ihnen folgt, wäre nach 2000 ein rascher Rückgang der Geburtenzahlen in der Dritten Welt zu erwarten (Hochrechnungen gestrichelte Linien). – Quelle: Vereinte Nationen, E. Bos et al.

Die Wachstumsrate ist eben nicht in dem Maße gefallen wie die Gesamtbevölkerung zugenommen hat. Deshalb steigt die Zahl der jeweils in einem Jahr neu hinzukommenden Menschen weiter. Das Wachstum ist noch immer exponentiell, wenn auch mit einer geringeren Rate. Der Zuwachs von 92 Millionen im Jahre 1991 entspricht der Bevölkerung Deutschlands, der Schweiz und Österreichs zusammen, oder – da sich ja 90 Prozent der Bevölkerungsvermehrung in der Dritten Welt abspielen – der Bevölkerung Mexikos plus der von Honduras. Selbst wenn die Geburtenraten so sinken sollten, wie nach extrem optimistischen Hochrechnungen bestenfalls zu erwarten ist, müssen wir mit einer weiteren enormen Zunahme der Weltbevölkerung rechnen, besonders aus den Ländern der Dritten Welt.

Meadows, Danella und Dennis: Die neuen Grenzen des Wachstums. – Stuttgart: Deutsche Verlagsanstalt, 1992. – S. 45 ff.

1) Wofür ist es nach Dennis Meadows Meinung zu spät? Wie begründet er das?

2) In seinem Buch »Grenzen des Wachstums« veröffentlichte er die Computersimulation seines Standardlaufes des Weltmodells. Inwiefern unterstützt sie Meadows Ansicht?

3) Welchen Einfluss wird die Bevölkerungsentwicklung auf die bereits bestehenden Weltprobleme wie Umweltverschmutzung, Abnahme der Rohstoffvorräte, Ernährungsprobleme etc. haben? Welche Möglichkeiten zum Entgegenwirken sehen sie?

Konrad Lorenz · »Wir werden von Steinzeitmenschen regiert«

1

Mit seinem Schlüsselwerk über Aggression bei Mensch und Tier (»Das sogenannte Böse«) provozierte Konrad Lorenz vor einem Vierteljahrhundert Millionen von Lesern: Der menschliche Geist, so Lorenz' Befund, ist nicht frei, sondern gekettet an ein ererbtes Instinkt-Programm. In einem SPIEGEL-Gespräch antwortet Lorenz, der Mitbegründer der vergleichenden Verhaltensforschung, auf die Frage: Kann die Menschheit überleben?

Verhaltensforscher Konrad Lorenz

SPIEGEL: Herr Professor Lorenz, Sie haben mit Ihrer Verhaltensforschung dem abendländischen Kulturmenschen schwere Kränkungen zugefügt: Alles Sinnen und Trachten des Homo sapiens, sagen Sie, sei so instinktgebunden wie das Verhalten der Steinzeitmenschen – muten Sie uns damit nicht starken Tobak zu?

LORENZ: Sicher, es ist beleidigend für das »Ebenbild Gottes«, dass er das lang gesuchte Zwischenglied zwischen dem Affen und dem Menschen ist: das ist er wirklich. Er hört furchtbar gern, er sei das Zentrum der Welt und der Zweck des Ganzen. Lange genug sind ihm ja auch so schmeichelhafte Dinge gesagt worden.

SPIEGEL: Tatsächlich – so lehrt Ihre »evolutionäre Erkenntnistheorie« – trägt der Mensch angeborene Scheuklappen, die ihn immer nur einen Ausschnitt der Wahrheit sehen lassen. Wie wirkt sich das aus?

LORENZ: Der Mensch ist unfähig, Wahrheiten zu erkennen, wo er gegenteilige Programmierungen hat. Keine angeborene Programmierung sagt ihm, dass er irgendetwas anderes schützen soll als höchstens den Menschen. Kein angeborenes Verbot befiehlt ihm, die Umwelt zu schonen; die darf er ausbeuten, so viel er will.

SPIEGEL: Sie meinen, da fehle eine biologische Hemmschwelle?

LORENZ: Die Triebausstattung des Menschen krankt daran, dass sie eine solche Hemmung nicht enthält. Seid fruchtbar und mehret euch, nehmet die Welt und macht sie euch untertan – das sind die Lehren, die der Mensch bekommt, und sie sind allesamt Lügen.

SPIEGEL: Mit Ihrer Lehre vom erblich beschränkten Menschenverstand rauben Sie den Leuten lieb gewordene Illusionen – bedrückt Sie das?

LORENZ: Nein. Der Mensch ist im Begriff, sich selbst zu vernichten. Wenn ich gegen das herrschende Selbstverständnis des Menschen geschrieben habe, hatte ich nicht, wie seinerzeit Darwin, das Gefühl, ein »Mörder« zu sein, sondern den Eindruck, eine blind dahinrasende Masse am Selbstmord zu hindern.

SPIEGEL: Es gibt aber heftigen Widerstand gegen das Ansinnen, sich selbst als biologisch beschränkt zu verstehen; schließlich ist der Mensch zu enormen geistigen Leistungen fähig.

LORENZ: Es ist erstaunlich, was der Mensch alles schafft – mit einem Erkenntnisapparat, der gebaut ist, um in Bäumen zu leben. Aber neue Einsichten setzen sich nur allmählich durch. Eine so große Erkenntnis wie die Tatsache, dass eine Evolution stattgefunden hat, wurde zuerst bekämpft, dann ignoriert und dann als selbstverständlich akzeptiert. An der Evolution zweifelt niemand mehr, auch die katholische Kirche nicht.

SPIEGEL: Dennoch, könnte es nicht sein, dass sich in der menschlichen Natur eine starke Abwehr gegen Ihre Erkenntnisse behauptet?

LORENZ: Ich glaube, die Einsicht in die eigene Begrenztheit ist Voraussetzung für das Weiterleben des Menschen; er ist in höchster Gefahr, es ist die Frage, ob er den »point of no return« nicht schon überschritten hat, ob wir nicht schon zum Untergang verurteilt sind. Doch ich bin kein Pessimist. Wenn Sie die Zahl der Menschen nehmen, die meine Einschätzung teilen, so nimmt sie rapide zu. Hoffentlich schneller als die Gefahr der Selbstvernichtung.

SPIEGEL: Sie haben des Öfteren angedeutet, die Menschheit sei in einem genetischen Wandel begriffen. Halten Sie eine sprunghafte Veränderung des Menschen für denkbar?

LORENZ: Sprunghafte, große genetische Veränderungen halte ich für unmöglich. Wir sind mit dem Genom – den Erbanlagen – eines Spätsteinzeitmenschen geschlagen, und wir müssen uns damit abfinden. Das heißt aber nicht, dass wir unsere primitiven Triebe nicht steuern oder unterdrücken können. Der Eros ist ein Trieb, der jeden Mann zu unglaublichem Unsinn treiben kann. Trotzdem muss er, vom Begattungstrieb besessen, nicht jedes schöne Mädchen auf der Straße anfallen, er kann sich das auch verkneifen.

SPIEGEL: Dass die Jugend von Generation zu Generation immer größer wird, dass sie von Computern fasziniert ist und damit wie selbstverständlich schon in der Kindheit umgeht – das alles hat nichts mit den Genen zu tun?

LORENZ: Dass Menschen immer größer werden, ist eine sogenannte Modifikation und hat mit genetischen Veränderungen kaum etwas

© *Tagesspiegel*

zu tun. Dass unsere Kinder ein scheinbar angeborenes Talent für Technologie und Computer haben, ist noch weniger durch genetische Veränderungen bedingt, sondern nur auf frühe Einflüsse zurückzuführen. Um an der genetischen Ausstattung des Menschen etwas zu ändern, bräuchte es viel länger. Allerdings ist der Mensch, so wie er ist, außerordentlich anpassungsfähig.

SPIEGEL: Woher stammt diese Anpassungsfähigkeit?

LORENZ: Sie beginnt mit dem Denken, mit der Fähigkeit zu Abstraktion und Reflexion. Das begriffliche Denken verschafft dem Menschen eine Freiheit, die kein Tier hat. Das ist ein katastrophaler Unterschied: Tiere können nichts, was sie nicht dürfen, aber der Mensch kann eine Menge Dinge tun, die er nicht darf. Deshalb sind alle Entscheidungen, an denen die Zukunft der Menschheit hängt, letztlich ethische Entscheidungen.

SPIEGEL: Sie haben in vielen Ihrer Bücher von einem Verfall unserer Kultur gesprochen und diesen Prozess krankhaft genannt.

Gibt es denn eine gesunde Kultur, hat es sie jemals gegeben?

LORENZ: Ich weiß es nicht. Was heute verlangt wird, ist eine Umwertung aller Werte. Wir müssen lernen, dass Geld keinen Wert hat, dass es nur das Symbol von einem Symbol ist und dass man ein Symbol nicht fressen kann. Ein Großteil der Menschheit glaubt felsenfest, dass man alles kaufen kann: Wenn ich genug Dollars habe, kann ich Wasser, Luft und Sauerstoff kaufen, auch wenn keiner mehr da ist. Das ist ein Unsinn, der ausgerottet werden muss.

SPIEGEL: Folgen die Menschen womöglich einem Trieb, der so tief eingewurzelt ist, dass sie gar nichts dagegen machen können – einem Trieb, der ihnen befiehlt, Bedürfnisse möglichst mühelos zu befriedigen und Unlust nach Kräften zu vermeiden?

LORENZ: Wer alle Unlust meidet, meidet auch das höchste Glück. Das Licht braucht Schatten: Zur Freude, die man beim Klettern empfindet, wenn man oben angekommen ist, gehören die zerschundenen Hände – leider sieht diese Welt das nicht ein.

SPIEGEL: Wie soll man denn den satten Menschen, die nach immer neuen Delikatessen suchen, beibringen, dass es eine Grenze der Genusssucht gibt?

LORENZ: Ich weiß es nicht, das ist sehr schwer. Es geht wohl nur durch die Kindererziehung. Man muss Kinder dazu erziehen, dass sie sehen, was gesund ist: sie müssen gesunde Lebensräume kennen lernen. Sich selbst überlassen, in dem Spiel von allem mit allem, strebt die Wechselwirkung der Moleküle wie die der Tierarten merkwürdigerweise nach oben. Das ist das große Wunder in diesem Kosmos. Wenn eine Reihe von Arten in einem gemeinsamen Lebensraum über Jahrmillionen zusammenlebt, so beeinflussen sie einander stets in Richtung einer Aufwärtsentwicklung.

SPIEGEL: Was heißt dabei »oben«?

LORENZ: Wenn ich definieren soll, was oben und was unten ist, ein niederes oder ein höheres

Landschaftsbild der Eiszeit, Lithographie um 1890

Tier, so kann ich es nicht. Sie können es auch nicht. Wenn Sie es nicht fühlen, werden Sie es nicht erjagen. Sie müssen es hinnehmen, dass die groben Richtungsbefehle »oben« und »unten« dem Menschen angeboren sind – und zwar gefühlsmäßig angeboren, sie können nicht rational begründet werden.

SPIEGEL: Können – angesichts der enorm beschleunigten technischen und wirtschaftlichen Evolution – die überlieferten Wertmaßstäbe noch weiterhelfen?

LORENZ: Wie die Ethik mit der Technologie fertig wird, wissen wir nicht. Das meiste, was wir vorfinden, ist nie dagewesen. Die Technologie berührt die Ethik nicht, doch selbst der gescheiteste Techniker und Physiker kann durchaus ein anständiger Mensch bleiben.

SPIEGEL: Er handelt aber unter Zwängen, die aus der Entwicklung kommen.

LORENZ: Ein ganz böser Zwang ist die Vermassung. Wenn viele Menschen dasselbe glauben, kommen sie leicht zu dem Ergebnis: Fresst Scheiße, Millionen Fliegen können sich nicht irren. Oder nehmen Sie einen modernen Geschäftsmann, der privat ein uranständiger Mensch ist – machen Sie ihn aber zum Aufsichtsratsmitglied, wo er die Verantwortung mit zwölf anderen teilt, verhält er sich wie ein Intelligenzverbrecher.

SPIEGEL: Sie haben aber selber einmal Konzerne mit natürlichen Lebenssystemen verglichen: Beide gehorchen ihren eigenen Gesetzen, und denen folgen dann die Leute in den Firmen.

LORENZ: Soziale Systeme, die der Mensch geschaffen hat, sterben leider Gottes nicht den Alterstod. Tausend natürliche Gründe, wie etwa der Winddruck, verhindern, dass Bäume in den Himmel wachsen. Doch es gibt keinen Faktor, der Unternehmen daran hindert, bis ins Unendliche weiterzuwuchern.

SPIEGEL: Wenn man sich klar macht, dass alle Einwände gegen die gefährlich dynamische

Entwicklung vom Verstand herkommen, dazu vom Verstand einer Minderheit – wäre es nicht denkbar, dass nur Katastrophen einen massenhaften Lernprozess in Gang setzen ?

LORENZ: Manche Leute glauben das. Tschernobyl hat ja vorübergehend auch Hoffnungen geweckt. Aber erst wenn ganz New York zugrunde geht, oder New York und Chicago, kann man vielleicht damit rechnen, dass der Rest der Welt zur Vernunft kommt.

SPIEGEL: Und was ist mit denen, die am technischen Fortschritt bis jetzt noch gar keinen Anteil hatten? Wollen Sie denen sagen, für euch ist das nicht gut?

LORENZ: Das möchte ich, obwohl ich mir dabei doch ein wenig wie Darwin vorkomme, der sich wie ein Mörder fühlte, weil er glaubte, mit seiner Evolutionstheorie das Christentum verraten zu haben.

LORENZ: Nichts ist voraussehbar. Sicher ist nur, es kann auch bergab gehen. Seit der Mensch den Faustkeil erfunden hat, balanciert er auf des Messers Schneide, zwischen einer gloriosen Zukunft und dem Sturz in die Hölle. Aus der Amöbe hat er sich emporentwickelt, aber schon im nächsten Jahr kann er im Atommüll enden.

SPIEGEL: Was uns die Vergangenheit lehrt, muss also für die Zukunft nicht stimmen?

LORENZ: Muss nicht stimmen, kann jederzeit schief gehen, geht teilweise dauernd schief. Unendlich viele, zu ihrer Zeit höchste Lebewesen sind wieder ausgestorben oder haben sich gewandelt. Möglich, dass der Mensch die Erde atomar verwüstet und aus einem Wurm ein zweiter Mensch wird.

SPIEGEL: Die biologische Wissenschaft ist besonders anfällig für politischen Missbrauch, sehen Sie da auch heute Gefahren?

Zerstörtes Hiroschima

LORENZ: Der Mensch mit seinen Erbanlagen ist für politischen Missbrauch anfällig.
SPIEGEL: Eröffnet nicht die moderne Gentechnik den Zugang zu einer Eugenik, die weniger brutal anmutet als die Rassenhygiene der Nazis, aber womöglich viel effektvoller arbeitet?
LORENZ: Das fürchte ich, aber ich glaube es noch nicht. Die Gentechnik ist noch nicht soweit, zu durchschauen, wie kompliziert ein Gensystem sein muss, um zu überleben. Sie kann allenfalls Viren manipulieren, aber keine höheren Lebewesen.
SPIEGEL: Haben Sie bei der Beobachtung von Tiersozietäten jemals einen Trend zur Individualisierung festgestellt, wie er in den Industriegesellschaften seit der Französischen Revolution vorherrscht?
LORENZ: Nein, das gibt es nirgendwo in der Natur. Am Ende bleiben nur sich selbst verwirklichende Individuen übrig. Wenn die Selbstverwirklichung sozial unmöglich wird, weil alle Individuen zu aggressiv oder zu geldgierig werden, stirbt die Art aus.
SPIEGEL: Diese Entwicklung läuft schon seit Jahrhunderten?
LORENZ: Gewiss, die Triebausstattung des Menschen hat sich seit der jüngeren Steinzeit nicht geändert – und wir werden von Steinzeitmenschen regiert.
SPIEGEL: Dass Sie das immer wieder sagen, erregt bei vielen Ärgernis, die es nicht hören und akzeptieren wollen.
LORENZ: Die wollen die ganzen Fehlleistungen der Menschheit nicht hören. Mein Buch »Der Abbau des Menschlichen« war in Deutschland ein Bestseller, in Amerika kauft es keiner, weil es gegen den American Way of Life gerichtet ist.
SPIEGEL: Es ist halt nicht positiv genug. Man hat Sie deswegen einen Fatalisten genannt – sehen Sie sich so?
LORENZ: Ich bin weder Fatalist noch Pessimist. Wäre ich ein Pessimist, würde ich schlafen gehen und Ihnen kein Interview geben.

Lorenz, Konrad: Von der Gans aufs Ganze. Spiegel-Gespräch. – In: Der Spiegel 46/1988. a. a. O. – S. 253 ff.

Hans-Georg Rauch: Recycelt

1) Wie begründet Konrad Lorenz seine These, dass »der Mensch im Begriff sei, sich selbst zu vernichten«?
2) Was veranlasst Lorenz trotz seiner Negativbeurteilung des Menschen dazu, Optimist zu bleiben.
3) Wie schätzen Sie selbst Gefahren und Chancen für ein Überleben der Menschheit ein?

Edward O. Wilson · »Wir werden einsam sein«

Zehn Millionen Artenleben, nach Schätzung der Wissenschaftler, auf dem Planeten Erde, nur der kleinste Teil von ihnen ist schon benannt und beschrieben – und jeden Tag schrumpft ihre Zahl. Edward O. Wilson, 66, Biologieprofessor an der Harvard University in Cambridge, USA, ist einer der entschiedensten Kämpfer gegen das Dahinschwinden der Artenvielfalt – und zugleich der berühmteste Ameisenforscher der Welt. Schon als Kind interessierte er sich für die emsigen Krabbeltiere, die in seinen Augen »den Höhepunkt der Evolution bei den Insekten darstellen«. Viele Feinde unter den Wissenschaftskollegen machte sich »der Ameisenmann« (New York Times) 1975 mit seinem Standardwerk über die neue Disziplin der »Soziobiologie«, in dem er auf die biologischen Grundlagen des Sozialverhaltens bei Tieren und Menschen hinwies. Bei seinem Kampf gegen das vom Menschen ausgelöste weltweite Artensterben sieht sich der Gelehrte »weniger in der Rolle eines Ökohelden«, vielmehr kommt er sich vor »wie ein Kunstkurator, der mit ansieht, wie der Louvre abbrennt«.

SPIEGEL: Vier Jahrzehnte lang waren Ameisen Ihr wichtigstes Forschungsgebiet. Neuerdings ist biologische Vielfalt Ihr Hauptanliegen. Alle 20 Minuten, so lesen wir in ihrem jüngst erschienenen Buch über Artenvielfalt, verschwindet eine Spezies von der Erde. Das bedeutet, im Verlauf dieses Gespräches werden ein halbes Dutzend Arten ausgelöscht. Welche könnten das sein?

WILSON: Man muss betonen, dass nicht nur Vögel und Säugetiere vom Aussterben bedroht sind; der größere Teil des Artensterbens betrifft sehr kleine, wenig bekannte Kreaturen, darunter Insekten, Würmer, Bakterien und andere Kleinlebewesen.

SPIEGEL: Ist die unermessliche Artenvielfalt, wie wir sie heute kennen, eigentlich etwas relativ Junges in der Entwicklungsgeschichte der Erde?

Fischfang auf dem Victoriasee – Die Herrlichkeit ist schon halb vorbei

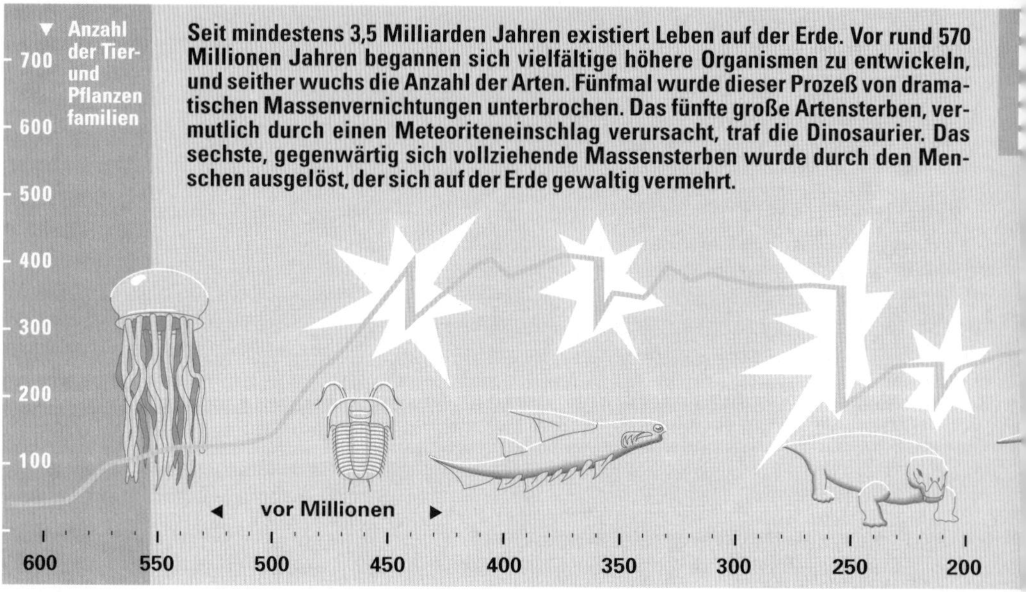

WILSON: Nicht ganz so jung. Insekten zum Beispiel sind schon seit mehr als 300 Millionen Jahren auf der Erde. Richtig ist, dass die Artenvielfalt, zu Wasser und zu Lande, wahrscheinlich ihren Höhepunkt erreichte, kurz bevor der Mensch auf der Szene erschien. Sie hatte sich in den letzten 30 bis 40 Millionen Jahren, mit gewissen Auf- und Abschwüngen, stetig aufwärts entwickelt. Die Menschheit hat diese Entwicklung, sozusagen mit kreischenden Bremsen, in den vergangenen 10000 Jahren zum Stillstand gebracht.

SPIEGEL: Gibt es, außer den zerstörerischen Eingriffen des Menschen, auch so etwas wie ein natürliches Altern, Erlahmen, Dahinsiechen und schließlich Sterben von Arten?

WILSON: Es gibt verschiedene Stufen von Zerstörung, oder sagen wir lieber: Stress. Auch für die Entwicklung der Persönlichkeit bei einem Menschen kann ja eine bestimmte Menge Stress eine günstige Rolle spielen. Nicht anders ist es mit dem Umweltstress, zum Beispiel mit den Stürmen und der Winterkälte: soweit sie regelmäßig und nicht übermäßig auftreten, können sich Arten nicht nur daran anpassen, sie bauen diese Faktoren sogar in ihren Lebenszyklus ein.

SPIEGEL: Die drastische Form von Stress waren die fünf großen Katastrophen und Massensterben in der Erdgeschichte, das letzte Mal vor 65 Millionen Jahren, als vermutlich der Einschlag eines großen Meteoriten die Dinosaurier dahinraffte.

WILSON: Auf Zerstörungen dieser Größenordnung ist das Leben auf der Erde nicht eingestellt.

SPIEGEL: Sie vergleichen den Auftritt des Menschen mit diesen fünf großen Katastrophen.

WILSON: Wir befinden uns im Frühstadium der sechsten großen Massenvernichtung.

SPIEGEL: Wann hat sie begonnen?

WILSON: Ich sehe da ein ganz charakteristisches Muster. Seit den ersten großen Wanderungsbewegungen der Menschheit lässt sich erkennen, in Australien ebenso wie auf Hawaii oder Madagaskar, dass nach der Ankunft des Menschen zunächst die großen Säugetiere und die großen Vögel verschwanden. So wurden alle großen Tiere auf Madagaskar ausgerottet, zum Beispiel der Riesenstrauß, der damals schwerste Vogel der Welt, oder bestimmte Arten aus der Affenfamilie der Lemuren, von denen einer so groß wurde wie ein Bär. Die Moas,

riesige Laufvögel aus Neuseeland, die Mastodonten, Säbelzahnkatzen und Rhinozerosse Amerikas – alles ausgestorben.

SPIEGEL: Die große Massenvernichtung begann also, weil der Mensch zum überlegenen Jäger wurde. Gab es eine bestimmte Weichenstellung in der Evolution des Menschen, gab es bestimmte Fähigkeiten, die ihn in die Lage versetzten, andere Arten auszulöschen?

WILSON: Ganz sicher. Es hat offensichtlich zu tun mit dem Gebrauch von Werkzeugen und mit den ausgefeilten Jagdmethoden, die der Homo sapiens entwickelte, zum Beispiel indem er Treibjagden auf große Tiere veranstaltete und sie über Felsabhänge stürzen ließ oder als er ihnen Fallen stellte.

SPIEGEL: Wurde die Sache noch beschleunigt, als der Mensch vor 10000 Jahren die Landwirtschaft entdeckte?

WILSON: Damit begann eine neue Welle der Zerstörung, die Vernichtung von Lebensräumen, etwa durch Brandrodung. Jetzt sind es zum erstenmal auch Insekten und kleine Vögel, die verschwinden. Dann – ungefähr im 16. Jahrhundert, als speziell die Europäer weltweiten Handel entwickelten – kommt die dritte große Phase der Zerstörung: Raubtiere und Pflanzensamen, Moskitos und andere Insekten wurden, mehr oder minder unbeabsichtigt, in Lebensräume verschleppt, wo sie nicht hingehörten.

SPIEGEL: Was waren die Folgen dieser Art von Tier-Transfer?

WILSON: Ein eindrucksvolles Exempel liefert Hawaii, und leider sind meine Lieblingsinsekten, die Ameisen, auf eine besonders unheilvolle Weise dort tätig geworden. Vor der Ankunft des Menschen hatten es die Ameisen, von Australien und Neuguinea aus, nur bis zu den Tonga-Inseln gebracht. Östlich davon gab es keine. Erst die Polynesier brachten sie mit, und sie entpuppten sich als die Hauptzerstörer der einheimischen Insektenwelt.

Auch bei der Vernichtung von Vogelarten auf Hawaii haben sie eine Rolle gespielt. Sie raubten die Nester aus und nahmen den Vögeln die Nahrung weg, nämlich die Insekten, von denen sie lebten.

SPIEGEL: Werden der Treibhauseffekt und die erwartete Klimaänderung eine nächste große Welle des Artensterbens auslösen?

WILSON: Das könnte einer der großen Killer des nächsten Jahrhunderts werden. Wenn wir, wie es viele erwarten, einen Anstieg der globalen Temperatur um drei Grad Celsius haben, könnten sich dadurch die Klimazonen so schnell verschieben, dass viele Pflanzen und Tierarten sich nicht anpassen können.

SPIEGEL: Im Jahre 1990 haben Sie gesagt, wir befänden uns in einer »Make or Break Decade«, in einer Dekade des Gewinnens oder Verlierens. Die Hälfte dieser Zeit ist um, welchen der beiden Wege haben wir eingeschlagen?

WILSON: Ich sehe die Sache noch ziemlich unentschieden. Ich meinte damals nicht, dass wir bis zum Jahre 2000 die Artenvielfalt retten könnten. Was ich meinte, war, dass wir bis zu diesem Zeitpunkt ein weltweites Bewusstsein entwickelt haben müssten, das zu entsprechenden Maßnahmen führt. Ich sehe Indizien für ein wachsendes Bewusstsein: den Weltgipfel von Rio 1992, das erste große Treffen zum

Thema Artensterben, oder auch die Tatsache, dass der neue Präsident der Weltbank, James Wolfensohn, Maßnahmen zum Management der Artenvielfalt erwägt.

SPIEGEL: Gerade ist in Jakarta die Nachfolgekonferenz zum Rio-Gipfel zu Ende gegangen. Da wurde viel geredet. Glauben Sie, dass es nützt?

WILSON: Ich glaube, auch das ist von Nutzen. Die politischen Führungsfiguren der Welt hören den Wissenschaftlern zu. Auch wenn sie nicht nach Hause gehen und dort gleich großartige Maßnahmen ergreifen, führt es doch zur Schärfung des Bewusstseins.

SPIEGEL: Aber sind nicht die nationalen wirtschaftlichen Interessen im Zweifel stärker, zum Beispiel beim Abholzen und Niederbrennen des Regenwaldes?

WILSON: Es ist gut möglich, dass wir den Krieg verlieren – gegen den Moloch der Ökonomie. Andererseits sind zum Beispiel in Ländern wie Costa Rica Politiker im Begriff, einen weiseren Umgang mit den natürlichen Ressourcen anzusteuern. Die Erhaltung der Arten gehört dazu.

SPIEGEL: Gibt es denn überhaupt die Chance, dass sich die Natur von dem Eingriff des Menschen wieder erholt?

Mammutbäume: Erfolgsmodelle der Evolution

Bedrohte Art: Pandabär – Jeden Tag verschwinden 72 Arten

WILSON: Ich glaube, ja. Aber es wird nicht mehr die Natur sein, die es ursprünglich einmal war. Die Menschheit hat das Leben auf der Erde irreversibel verändert. Wenn die Bevölkerungsexplosion bis zum Ende des Jahrhunderts gestoppt werden kann, wenn wir genügend umweltschützende Maßnahmen ergreifen, wenn uns ein weises Management der Natur gelingt, dann könnte bis zum Ende des nächsten Jahrhunderts die Natur anfangen, sich selbst zu heilen. Aber das sind eine Menge »Wenn«.

SPIEGEL: Könnte es nicht auch sein, dass zum Beispiel die Insekten die Weltherrschaft übernehmen und der Mensch einfach von dieser Erde verschwindet?

WILSON: Ich glaube nicht, dass wir uns selbst zerstören werden. Ich halte die Menschheit für unsterblich, aber das ist eine Frage des Glaubens, nicht der Wissenschaft.

SPIEGEL: Die Natur hat nach dem Meteoriteneinschlag vor 65 Millionen Jahren, der die Dinosaurier dahinraffte, 10 Millionen Jahre gebraucht, um sich von dem Schlag zu erholen.

Wird das von Ihnen erklärte sechste Massensterben so ähnlich ausgehen?
WILSON: Wenn wir in den nächsten 50 oder 100 Jahren nichts tun, wird es wahrscheinlich genau dahin kommen. Nach dem Zeitalter der Dinosaurier, dem Mesozoikum und dem Zeitalter der Säugetiere, dem Känozoikum, könnte es sein, dass wir jetzt an der Schwelle zu einem Zeitalter stehen, das ich das »Eremozoikum« genannt habe, das Zeitalter der Einsamkeit. Wenn wir fortfahren, Arten auszulöschen wie bisher, wird die Menschheit für Millionen von Jahren zwar noch mit einer gewissen Artenvielfalt leben. Aber es werden so viel weniger Arten sein als heute, dass wir uns einsam fühlen werden. Vieles von dem, was das Leben einmal war, werden wir aus den Archiven und Museen kennen. Aber es wird nicht länger mit uns sein.

Springspinne – eine der ältesten Arten, deren genetische Vielfalt sich erhalten hat.

Wilson, Edward O.: »Wir werden einsam sein«. – Spiegel-Gespräch. – In: Der Spiegel 48/1995. – a. a. O. – S. 193 ff.

1) Welchen Einfluss hat nach Wilson die Menschheit auf die Entwicklung der Arten genommen?
2) Wilson glaubt, dass die Menschen dereinst im Eremozoikum, dem »Zeitalter der Einsamkeit« leben werden. Welches sind Ihrer Meinung nach die vorherrschenden Probleme für die zukünftige Menschheit?

2 TECHNIK UND WISSENSCHAFT – MÖGLICHKEITEN UND GEFAHREN

Interpretieren Sie die Karikatur und vergleichen Sie sie mit Michelangelos bekanntem Fresko »Die Erschaffung Adams«!

Vladimir Renčin

Zeittafel

um 5000 v. Chr. Menschen der Jungsteinzeit bewegen sich mit Einbäumen auf dem Wasser.
um 3500 v. Chr. Erste »Technik« im Mittleren Orient: Pflug, Hebel, Hebelwaage, Kurbel, Rampe, Töpferscheibe (erstes »Rad«)
um 3000 v. Chr. In Mesopotamien werden die ersten Räder verwendet. Die Ägypter bauen aus Schilf gebundene Segelschiffe und verwenden den Schaduf, einen Hebelkran, um Wasser aus Brunnen zu ziehen.
um 1500 v. Chr. Erste seetüchtige Schiffe aus Holzplanken im Mittelmeerraum (Phönizier, Ägypter, Griechen)
um 1000 v. Chr. Einfache Kräne mit Rollen
um 400 v. Chr. Flaschenzüge mit mehreren Rollen
um 250 v. Chr. Der griechische Wissenschaftler Archimedes konstruiert »Maschinen« wie die archimedische Schraube oder einen Verbundflaschenzug, mit dem sich schwere Lasten bewegen lassen.
Wasseruhr mit Zahnstangengetriebe und Pressluftgeschütz des griechischen Erfinders Ktesibios
In China werden mehrere hundert Meter tiefe Erdlöcher gebohrt.
um 100 v. Chr. Mechanischer Kalender mit Zahnrädern in Griechenland
Heron von Alexandria baut den ersten »Automaten« aus mechanischen Teilen: Maschine, die nach Münzeinwurf Wasser spendet, Automatentheater, einfacher Motor.
Erste Mühlräder in Griechenland
um 100 n. Chr. Fußboden- und Zentralheizungen in römischen Häusern: Heiße Luft wird von einer Feuerstelle durch gemauerte Kanäle geleitet.
um 1000 n. Chr. In China wird das Schießpulver erfunden. Es diente auch als Treibstoff für kleine Raketen.
1287 Erste Brillen in Italien
um 1390 Mechanische Uhr mit Zahnrädern
um 1450 Johannes Gutenberg erfindet den Buchdruck mit beweglichen Lettern.
1608 Hans Lippershey (Niederlande) erfindet das Teleskop.
1714 Quecksilberthermometer von Daniel Fahrenheit
1743 Im Schloss von Versailles (Frankreich) wird der erste Aufzug gebaut.
1765 James Watt baut in England die erste brauchbare Dampfmaschine.
1783 Die Gebrüder Montgolfier starten bei Paris mit einem Heißluftballon.
1800 Erste elektrische Batterie von Allessandro Volta (Italien)
1813 George Stephenson und William Hedley bauen in England Eisenbahnen.
1817 »Laufmaschine« des Freiherrn von Drais (Vorläufer des Fahrrads)

Großplastik eines Maschinenmenschen, Nachbildung einer Karikatur von 1884, Landesmuseum für Technik und Arbeit, Mannheim

1830 Erster Elektromotor
1850 Kraftwerksturbine von James Francis
1867 Nikolaus Otto erfindet den Benzinmotor (1883 von Gottlieb Daimler verbessert).
1878 Joseph Wilson Swan baut in England die erste Glühfadenlampe, fast ein Jahr vor dem amerikanischen Erfinder Thomas Alva Edison.
1885 Carl Benz baut das erste Auto.
1891 Otto Lilienthal startet zum ersten von rund 2000 Gleitflügen.
1897 Rudolf Diesel konstruiert den Dieselmotor.
1900 Erstes Luftschiff von Ferdinand Graf Zeppelin
1903 Erstes Motorflugzeug der Gebrüder Wright
1930 Düsentriebwerk von Frank Whittle
1938 Otto Hahn entdeckt die Atomspaltung.
1942 Konrad Zuse baut den ersten Computer (»Z 1«).
1946 Amerikanische Rakete erreicht 112 Kilometer Höhe.
Oktober 1957 Der erste Satellit (Sputnik I) umkreist die Erde.
12. April 1961 Der Russe Juri Gagarin umkreist als erster Mensch in einem Raumschiff die Erde.
21. Juli 1969 Der Amerikaner Neil Armstrong betritt als erster Mensch den Mond.
1970 Erster Mikroprozessor (»Chip«)
1981 Erster Personalcomputer (vollständiges Computersystem, das auf einem Schreibtisch Platz hat)
August 1989 Die Raumsonde Voyager 2 erreicht den Planeten Neptun und fliegt weiter in die Unendlichkeit des Weltalls.

2.1 Physik

Werner Heisenberg · **Das Naturbild der heutigen Physik**

Aber schon im Lauf weniger Jahrzehnte hat sich dann die Stellung der Menschen zur Natur grundsätzlich geändert. In dem Maß, in dem der Forscher sich in die Einzelheiten der Naturvorgänge vertiefte, erkannte er, dass man in der Tat, wie Galilei es begonnen hatte, einzelne Naturvorgänge aus dem Zusammenhang herauslösen, mathematisch beschreiben und damit »erklären« kann. Dabei wurde ihm allerdings auch deutlich, welche unendliche Aufgabe der beginnenden Naturwissenschaft hierdurch gestellt wird. Schon für Newton war daher die Welt nicht mehr einfach das nur im Ganzen zu verstehende Werk Gottes. Seine Stellung zur Natur wird am deutlichsten umschrieben durch seinen bekannten Ausspruch, dass er sich vorkomme wie ein Kind, das am Meeresstrand spielt und sich freut, wenn es dann und wann einen glatteren Kiesel oder eine schönere Muschel als gewöhnlich findet, während der große Ozean der Wahrheit unerforscht vor ihm liegt.

Die Folgezeit hat die Methode der Newtonschen Mechanik auf immer weitere Bereiche der Natur erfolgreich angewandt. Sie hat versucht, Einzelheiten im Naturgeschehen durch Experimente herauszuschälen, objektiv zu beobachten und in ihrer Gesetzmäßigkeit zu verstehen; sie hat danach gestrebt, die Zusammenhänge mathematisch zu formulieren und damit zu »Gesetzen« zu kommen, die im ganzen Kosmos uneingeschränkt gelten, und es ist ihr schließlich dadurch möglich geworden, die Kräfte der Natur in der Technik unseren Zwecken dienstbar zu machen. Die großartige Entwicklung der Mechanik im 18., der Optik, der Wärmetechnik und Wärmelehre im beginnenden 19. Jahrhundert legt Zeugnis ab von der Kraft dieses Ansatzes.

Aber eben an dieser Stelle haben sich dann in unserem Jahrhundert tiefgreifende Veränderungen in den Grundlagen der Atomphysik vollzogen, die von der Wirklichkeitsauffassung der antiken Atomphilosophie wegführen. Es hat sich herausgestellt, dass jene erhoffte Realität der Elementarteilchen eine zu grobe Vereinfachung des wirklichen Sachverhalts darstellt und viel abstrakteren Vorstellungen weichen muss. Wenn wir uns ein Bild von der Art der Existenz der Elementarteilchen machen wollen, können wir nämlich grundsätzlich nicht mehr von den physikalischen Prozessen absehen, durch die wir von ihnen Kunde erlangen. Wenn wir Gegenstände unserer täglichen Erfahrung beobachten, spielt ja der physikalische Prozess, der die Beobachtung vermittelt, nur eine untergeordnete Rolle. Bei den kleinsten Bausteinen der Materie aber bewirkt jeder Beobachtungsvorgang eine grobe Störung; man kann gar nicht mehr vom Verhalten des Teilchens, losgelöst vom Beobachtungsvorgang, sprechen. Dies hat schließlich zur Folge, dass die Naturgesetze, die wir in der Quantentheorie mathematisch formulieren, nicht mehr von den Elementarteilchen an sich handeln, sondern von unserer Kenntnis der Elementarteilchen. Die Frage, ob diese Teilchen »an sich« in Raum und Zeit existieren, kann in dieser Form also nicht mehr gestellt werden, da wir stets nur über die Vorgänge sprechen können, die sich abspielen, wenn durch die Wechselwirkung des Elementarteilchens mit irgendwelchen anderen physikalischen Systemen, z. B. den Messapparaten, das Verhalten des Teilchens erschlossen werden soll. Die Vorstellung von der objektiven Realität der Elementarteilchen hat sich also in einer merkwürdigen Weise verflüchtigt, nicht in den Nebel irgendeiner neuen, unklaren oder noch unverstandenen Wirklichkeitsvorstellung, sondern in die durchsichtige Klarheit einer Mathematik, die nicht mehr das Verhalten des Elementarteilchens, sondern unsere Kenntnis dieses Verhaltens darstellt. Der Atomphysiker hat sich damit abfinden müssen, dass seine Wissenschaft nur ein Glied ist in der endlosen Kette der Auseinandersetzung des Menschen mit der Natur, dass sie aber nicht einfach von der Natur »an sich« sprechen kann. Die Naturwissenschaft setzt den Menschen immer schon voraus, und wir müssen uns, wie Bohr es ausgedrückt hat, dessen bewusst werden, dass wir nicht nur Zuschauer, sondern stets auch Mitspielende im Schauspiel des Lebens sind.

Trotzdem darf diese Erkenntnis nicht dazu verführen, die Festigkeit des Grundes zu unterschätzen, auf dem das Gebäude der exakten Naturwissenschaft errichtet ist. Der Begriff von wissenschaftlicher Wahrheit, der der Naturwissenschaft zugrunde liegt, kann sehr verschiedene Arten von Naturverständnis tragen. So ruht außer der Naturwissenschaft der vergangenen Jahrhunderte auch die moderne Atomphysik in ihm, und daraus geht hervor, dass man sich auch mit der Erkenntnissituation, in der eine vollständige Objektivierung des Naturvorganges nicht mehr möglich ist, abfinden und in ihr unsere Beziehung zur Natur ordnen kann.

Wenn von einem Naturbild der exakten Naturwissenschaft in unserer Zeit gesprochen werden kann, so handelt es sich also eigentlich nicht mehr um ein Bild der Natur, sondern um ein Bild unserer Beziehungen zur Natur. Die alte Einteilung der Welt in einen objektiven Ablauf in Raum und Zeit auf der einen Seite und die Seele, in der sich dieser Ablauf spiegelt, auf der anderen, also die descartessche Unterscheidung von *res cogitans* und *res extensa*, eignet sich nicht mehr als Ausgangspunkt zum Verständnis der modernen Naturwissenschaft. Im Blickfeld dieser Wissenschaft steht vielmehr vor allem das Netz der Beziehungen zwischen Mensch und Natur, der Zusammenhänge, durch die wir als körperliche Lebewesen abhängige Teile der Natur sind und sie gleichzeitig als Menschen zum Gegenstand unseres Denkens und Handelns machen. Die Naturwissenschaft steht nicht mehr als Beschauer vor der Natur, sondern erkennt sich selbst als Teil dieses Wechselspiels zwischen Mensch und Natur. Die wissenschaftliche Methode des Aussonderns, Erklärens und Ordnens wird sich der Grenzen bewusst, die ihr dadurch gesetzt sind, *dass der Zugriff der Methode ihren Gegenstand verändert und umgestaltet, dass sich die Methode also nicht mehr vom Gegenstand distanzieren kann*. Das naturwissenschaftliche

Weltbild hört damit auf, ein eigentlich naturwissenschaftliches zu sein.

Mit der Klärung dieser Paradoxien in einem engen wissenschaftlichen Bereich ist freilich noch wenig gewonnen für die allgemeine Situation unserer Zeit, in der wir, um eine vorhin gebrauchte Vereinfachung zu wiederholen, plötzlich in erster Linie uns selbst gegenüberstehen. Die Hoffnung, dass die Ausbreitung der materiellen und geistigen Macht des Menschen immer ein Fortschritt sei, findet ja durch diese Situation eine wenn auch erst undeutlich sichtbare Grenze, und die Gefahren werden umso größer, je stärker die Welle des vom Fortschrittsglauben getragenen Optimismus gegen diese Grenze brandet. Vielleicht kann man die Art der Gefahr, um die es sich hier handelt, noch durch ein anderes Bild deutlicher machen. Mit der scheinbar unbegrenzten Ausbreitung ihrer materiellen Macht kommt die Menschheit in die Lage eines Kapitäns, dessen Schiff so stark aus Stahl und Eisen gebaut ist, dass die Magnetnadel seines Kompasses nur noch auf die Eisenmasse des Schiffes zeigt, nicht mehr nach Norden. Mit einem solchen Schiff kann man kein Ziel mehr erreichen; es wird nur noch im Kreise fahren und daneben dem Wind und der Strömung ausgeliefert sein. Aber um wieder an die Situation in der modernen Physik zu erinnern: Die Gefahr besteht eigentlich nur, solange der Kapitän nicht weiß, dass sein Kompass nicht mehr auf die magnetischen Kräfte der Erde reagiert. In dem Augenblick, in dem Klarheit geschaffen ist, kann die Gefahr schon halb als beseitigt gelten. Denn der Kapitän, der nicht im Kreise fahren, sondern ein bekanntes oder unbekanntes Ziel erreichen will, wird Mittel und Wege finden, die Richtung seines Schiffes zu bestimmen. Er mag neue, moderne Kompassarten in Gebrauch nehmen, die nicht auf die Eisenmasse des Schiffes reagieren, oder er mag sich, wie in alten Zeiten, an den Sternen orientieren; freilich können wir nicht darüber verfügen, ob die Sterne sichtbar sind oder nicht, und in unserer Zeit sind sie vielleicht nur selten zu sehen. Aber jedenfalls schließt schon das Bewusstsein, dass die Hoffnung des Fortschrittsglaubens eine Grenze findet, den Wunsch ein, nicht im Kreise zu fahren, sondern ein Ziel zu erreichen. In dem Maße, in dem Klarheit über diese Grenze erreicht wird, kann sie selbst als der erste Halt gelten, an dem wir uns neu orientieren können. Vielleicht kann man also aus dem Vergleich mit der modernen Naturwissenschaft die Hoffnung schöpfen, dass es sich hier wohl um eine Grenze für bestimmte Formen der Ausbreitung des menschlichen Lebensbereiches handeln mag, nicht aber um eine Grenze für diesen Lebensbereich schlechthin. Der Raum, in dem der Mensch als geistiges Wesen sich entwickelt, hat mehr Dimensionen als nur die eine, in der er sich in den letzten Jahrhunderten ausgebreitet hat. Daraus würde folgen, dass in längeren Zeiträumen die bewusste Hinnahme dieser Grenze vielleicht zu einer gewissen Stabilisierung führen wird, in der sich die Gedanken der Menschen wieder von selbst um eine gemeinsame Mitte ordnen.

Heisenberg,Werner: Schritte über Grenzen. – München: Verlag R. Piper, 1984. – S. 97 ff.

1) Nach welcher Methode gingen die Naturwissenschaftler im 17., 18. und 19. Jahrhundert vor? – Versuchen Sie die Folgen einiger Entdeckungen aufzuzeigen (positive und negative)!

2) Welche grundlegenden Änderungen im Weltbild der Naturwissenschaftler brachte die Entdeckung der Radioaktivität?

3) Warum kommt es nach Heisenberg am Ende unseres Jahrhunderts zum Ende des Fortschrittsglaubens? Welche Hoffnung verbindet Heisenberg mit der Einsicht in dieses Ende? Versuchen Sie, unter diesem Aspekt das Bild von dem eisernen Schiff, das seinen Kurs sucht, zu deuten und auf die Gegenwart zu beziehen.

Ulf Merbold · Das Blaue vom Himmel

Die irdische Atmosphäre hatte mich in ihrer verletzlichen Schönheit beeindruckt und erschreckt.

Deshalb verfolgte ich mit besonderer Aufmerksamkeit alle unsere Experimente, mit denen sie wissenschaftlich untersucht werden sollte. Die langgedienten Astronauten der NASA hatten mehrheitlich berichtet, dass die Atmosphäre heute schmutziger sei als noch vor fünfzehn Jahren. Ich hielt es deshalb für überfällig, dass die uns schützende Luftschicht wissenschaftlich unter die Lupe genommen wurde. Das interessanteste Instrument war das Grillspektrometer. Es stammte von einer belgisch-französischen Forschergruppe, die sich um Professor Ackermann aus Brüssel und Dr. Girard aus Paris scharte. Dieses Team hatte sich die Aufgabe gestellt, die Atmosphäre im Hinblick auf Verunreinigungsgase zu analysieren. Die Konzentrationen der Spurengase Ozon, Kohlendioxid, Kohlenmonoxid, Methan, Wasserdampf und der verschiedensten Stickstoffoxide sollten in Abhängigkeit von der Höhe bestimmt werden. Viele dieser Stoffe werden heute im Zusammenhang mit den Umweltschäden, wie dem Waldsterben, genannt. Unter den Experten besteht auch Einvernehmen darüber, dass sie schon in kleiner Konzentration großen Einfluss auf die komplizierte Dynamik der Atmosphäre ausüben können. Sie können zum Beispiel den Ablauf von fotochemischen Reaktionen verändern und damit vielleicht auf die Ozonschicht einwirken, die uns vor den ultravioletten Anteilen des Lichts schützt. Vom Kohlendioxid nimmt man an, dass es die Wärmeabstrahlung der Erde in den Weltraum verhindert, wenn seine Konzentration einen kritischen Wert übersteigt. Dies könnte eine Veränderung des Klimas zur Folge haben.

Für mich gab es keinen Zweifel darüber, wie wichtig die geplanten Untersuchungen waren. Außerdem begeisterte mich die Methode, mit der die gewünschten Daten gewonnen werden sollten. Das Grillspektrometer benutzte die sogenannte Absorptionsspektroskopie. Diese Methode macht davon Gebrauch, dass alle interessierenden Verunreinigungsgase im nahen infraroten Spektralbereich bei ganz charakteristischen Wellenlängen Licht absorbieren. Sollte zum Beispiel die Kohlendioxidkonzentration in Abhängigkeit von der Höhe gemessen werden, stellten wir als Erstes das Spektrometer auf eine Wellenlänge, die vom Kohlendioxidmolekül absorbiert wird. Dann ließen wir die Sonne als Lichtquelle mit Hilfe von Spiegeln in das Spektrometer einfallen. Da wir über der Atmosphäre flogen, wurde die Intensität des Sonnenlichts bei dieser bestimmten Wellenlänge ohne jede Absorption gemessen. Nun brauchten wir nur noch bis kurz vor Sonnenuntergang zu warten, da der Weg des Lichts dann tangential durch die Lufthülle führte. Die Kohlendioxidmoleküle stellten sich in seinen Weg und absorbierten einen Teil der Infrarotstrahlung, so dass unser Detektor eine kleinere Intensität empfing. Diese zu beobachtende Abnahme und die Zahl der absorbierten Moleküle waren direkt proportional zueinander. Somit konnte ihre Konzentration bestimmt werden. Je tiefer die Sonne sich auf den Horizont zu bewegte, desto länger wurde der Lichtweg durch die Luft. Dies erlaubte uns, die Konzentration in Abhängigkeit von der Höhe zu ermitteln.

Die verschiedenen Absorptionsspektren wurden über die Telemetrie in das Bodenkontrollzentrum übertragen. Als man dort die ersten aufschlussreichen Daten empfing, brach Jubel aus.

Inzwischen wurde der größte Teil der 6 000 gemessenen Spektren ausgewertet. Für die Gase Kohlendioxid, Kohlenmonoxid, N_2O, NO, NO_2, Methan und Wasserdampf liegen die Konzentrationen in Abhängigkeit von der Höhe vor.

Darüber muss man froh sein, denn aufgrund dieser Messungen ist der Zustand der Atmosphäre im Dezember 1983 bis in große Höhen erstmalig erfasst worden. Es kommt nun darauf an, die Messungen zu wiederholen. Auf diesem Wege lässt sich feststellen, ob sich ein Trend zu zunehmender Verschmutzung beobachten lässt, oder ob die Selbstreinigungskraft der Atmosphäre ausreicht, mit der Belastung durch Industrie, Verkehr und die Haushalte fertig zu werden.

Darüber hinaus sind solche vollständigen, empirisch zum gleichen Zeitpunkt gewonnenen Datensätze auch sehr wichtig, um aus ihnen ein mathematisches Modell unserer Atmosphäre zu entwickeln. Würden wir nämlich über eine annähernd genaue Theorie verfügen, könnten die Folgen einer Anreicherung eines Verunreinigungsgases mit dem Computer simuliert werden. Dann wären Hochrechnungen und vielleicht sogar Aussagen darüber möglich, wo die kritischen Grenzkonzentrationen liegen.

Mich erfüllte die Untersuchung der Leben spendenden Lufthülle mit der Hoffnung, dass wir etwas dazu beitragen konnten, unseren schönen Heimatplaneten auch für künftige Generationen bewohnbar zu erhalten.

Merbold, Ulf: Flug ins All. – a. a. O. – S. 203 ff.

1) Was ist ein Grillspektrometer, und wie funktioniert er?
2) Welchen Sinn sieht Merbold in seinem Experiment? Was bedeutet für ihn der Flug ins All?
3) Wie bewerten Sie Weltraumexperimente?

Shuichi Kato · **Hiroshima, 6. August 1945, 8.15 Uhr**

Unter einem wolkenlosen Himmel zündete am 6. August 1945 über Hiroshima die erste Atombombe. Einen Monat später war ich als junger Arzt und Mitglied eines amerikanisch-japanischen Gesundheitsteams zur medizinischen Untersuchung der ersten Atombombenopfer in der Stadt.

Was ich dort sah, war wie ein schreckliches Wunder. Aus einer seltsamen flachen Wüste ragten einige verkohlte Bäume und halb zerstörte Betonwände empor. Nur das Straßennetz und einige Flussbrücken zeugten davon, dass es hier einmal eine Stadt gegeben hatte. Hiroshima war ganz einfach verschwunden. Es fehlten alle Anzeichen des Lebens: Kein Grün, kein Gras, keine Blätter, nicht einmal Insekten belebten die Wüste. Hier und da begegneten mir Männer mit entstellenden Gesichtsnarben. Manche Frauen hatten den Kopf mit Tüchern verhüllt, weil ihr Haar ausgefallen war. Ohne Richtung streiften die Menschen wie Geister durch die zerstörte Landschaft.

Die Bombe hatte hunderttausend Menschen sofort getötet. Viele Überlebende hatten in den umliegenden Dörfern Zuflucht gefunden, wo ich als Facharzt für Blutkrankheiten die durch radioaktive Strahlung entstandenen Krankheiten behandelte. Scheinbar gesunde Menschen, die schon an ihre Rettung geglaubt hatten, bekamen nach einem Monat Blutungen und Fieber, die meisten von ihnen starben bald darauf. Später häuften sich die Missbildungen bei den Neugeborenen, die im Bauch der Mutter den Strahlungen ausgesetzt waren. Jahrelang war der Prozentsatz von Leukämie und anderen Krebserkrankungen in Hiroshima und Nagasaki, wo am 9. August 1945 die zweite Atombombe explodierte, höher als in der übrigen japanischen Bevölkerung. Hinzu kam die soziale Diskriminierung: Wegen des Verdachts auf Sterilität und Missgeburten konnten viele Opfer der Bombe später nicht heiraten; bei Arbeitgebern galten sie als krankheitsanfällig und fanden deshalb keine Anstellung.

Die Bombe hatte nicht nur eine Stadt und zahlreiche Menschenleben vernichtet, sondern

Eine Uhr aus den Ruinen von Hiroshima: Sie blieb genau um 8.15 Uhr stehen.

über viele Menschen ein unbekanntes, lang dauerndes Leiden gebracht. Ich selbst hatte im Frühjahr 1945 die Flächenbombardierung Tokios erlebt, bei der sogar noch mehr Menschen als in Hiroshima umkamen. Doch auf Tokio flogen in einer Nacht hunderte von B-29-Bombern, wir wussten, woher das Feuer kam, und die Zerstörungen blieben begreifbar.

Die erste Atombombe aber kam vollkommen unerwartet, und mit ihrer neuen Vernichtungskraft überstieg sie das Vorstellungsvermögen.

Historisch betrachtet war die Bombe natürlich ein Kriegsakt in der letzten Phase des Pazifikkrieges, den Japan begonnen hatte. Kurz nach Hiroshima erklärte Truman, die Atombombenabwürfe seien gerechtfertigt gewesen, weil Amerika sonst einen ungleich blutigeren Landkrieg hätte führen müssen. Dies wird heute von zahlreichen japanischen und amerikanischen Historikern nachdrücklich bestritten; sie behaupten, dass Japan im August 1945 bereits unfähig war, den Krieg in irgendeiner Weise fortzuführen.

Was schließlich zur japanischen Kapitulation am 15. August 1945 führte, wird wohl immer eine offene Frage bleiben. Eines dürfte indessen unstrittig sein: Für die Niederwerfung des militaristischen Japan, das in Asien unzählige Kriegsverbrechen begangen hatte, gab es eine moralische Rechtfertigung. So wie es notwendig war, die Deutschen von der Nazimacht zu befreien, musste Japan vom Joch seiner antidemokratischen Diktatoren befreit werden. Allerdings: Den Angriffen auf Hiroshima und Nagasaki fiel vor allem die Zivilbevölkerung zum Opfer. Dieses nicht als Fehler – und als Schuld – anzuerkennen fügt der moralischen Integrität der amerikanischen Regierung bis heute großen Schaden zu.

Hiroshima und Nagasaki bestimmten auch das Nachkriegsgeschehen, indem sie den Kalten Krieg von Beginn an in einen atomaren Rüstungswettlauf verwandelten. Die Atombomben auf Japan lieferten den Beweis für die Anwendbarkeit der Atomwaffen, was in der Konsequenz die ganze Menschheit in ihrer weiteren Existenz bedroht. Erst mit Ende des Kaltes Krieges bietet sich der Welt vielleicht die große Gelegenheit, diese Bedrohung zu überwinden.

Wie können sich die Menschen von den Atomwaffen befreien? Trotz des Atomwaffensperrvertrages, des geplanten atomaren Testverbots und der diversen Abkommen zur Rüstungskontrolle gibt es auf dem Weg zu echter Abrüstung zahlreiche Hindernisse. In vielen Ländern besteht weiterhin ein militärisch-wissenschaftlicher Komplex von Generälen, Technikern und Forschern. Bis heute fehlt es an einer wahrhaft internationalen Organisation für Rüstungskontrolle und Frieden. Diese Rolle verspielen die Vereinten Nationen, indem sie alle Entscheidungen auf einen Sicherheitsrat konzentrieren, in dem die fünf Atommächte Regie führen. Deren Übergewicht gegenüber anderen Staaten, aber auch das Ungleichgewicht der Atommächte untereinander werden den Atomwaffensperrvertrag und das angekündigte Atomtestverbot wohl immer wieder in Frage stellen.

Nur wenn die Staaten in Zukunft nach Gerechtigkeit streben und die Gleichheit zwischen Menschen und Völkern anerkennen, gibt es Hoffnung auf ein Ende der Rüstungsspirale. Die japanische Tradition liefert für dieses Ansinnen eine scheinbar paradoxe Ästhetik: je kleiner, desto schöner, je einfacher, desto raffinierter. In diesem Sinne belohnte man früher den Sieg eines Feldherrn nicht mit seinen Landgewinnen, sondern mit einer Teeschale. Im europäischen Kontext hieße das: Es ist wichtiger, die Lilien auf dem Felde anzuschauen als alle Herrlichkeiten Salomons.

Nehmen die Menschen diese Aufgabe im Atomzeitalter ernst, stehen zuallererst die Großmächte in der Verantwortung. Aber auch Japan und Deutschland befinden sich in einer besonderen Lage: Zumindest teilweise durch die Geschichte bedingt, verzichten heute beide Länder bewusst auf die Atombombe, obwohl sie alle nötigen Mittel besitzen, um in kurzer Zeit Nuklearwaffen zu produzieren. Diese Fähigkeit zum Verzicht bringt unsere Länder in eine Position, von der sie auf die Welt wirken können, um sie von einem schrecklichen Waffensystem zu befreien.

Die Erinnerung ist deshalb so wichtig, weil sich von Ruanda bis nach Bosnien viele Hiroshimas wie eine Spur des Grauens durch die Geschichte ziehen. Dabei unterscheidet Hiroshima von allen anderen Kriegsverheerungen, dass dort das wahrhaft Unbegreifliche begreiflich wurde: die Massenvernichtung mit einer einzigen Waffe, der Atombombe, und die latente Gefahr für die menschliche Existenz.

DIE ZEIT. – Nr. 32 vom 4. 8. 1995. – a. a. O. – S. 1.

1) Beschreiben Sie die Auswirkungen des Atombombenabwurfs auf Hiroshima!

2) Welche Ereignisse gingen dem Abwurf der Bombe voraus? Wie beurteilen Sie die Rechtfertigung des Atombombeneinsatzes durch die amerikanische Regierung?

3) Versuchen Sie die Metapher »je kleiner, desto schöner, je einfacher, desto raffinierter«, die aus der japanischen Tradition überliefert ist, im obigen Kontext zu entschlüsseln!

4) Wie begründet der Autor die besondere Lage Deutschlands und Japans in der Atomwaffenfrage? Wie sehen Sie die Verteilung der Verantwortung für den Einsatz bzw. die Ächtung von Atomwaffen?

5) Sehen Sie sich gemeinsam den Kurzfilm »Das stumme Licht« (Produktion: FWU, 1977) an und diskutieren Sie danach Frage 3 und 4 noch einmal!

Danella und Dennis Meadows; Jörgen Randers · **Die globale Erwärmung**

Die nächste globale Begrenzung, mit der die Menschheit in Konflikt geraten wird, ist nach Ansicht vieler Wissenschaftler der Treibhauseffekt, der zu einer Klimaveränderung führt. Die Wissenschaft weiß seit mehr als einem Jahrhundert, dass Kohlendioxid die Wärmeabstrahlung behindert und die Temperatur an der Erdoberfläche erhöht. Das in der Luft verteilte (selbst ungiftige, in geringen Mengen sogar höchst lebensnotwendige) Gas wirkt wie Dach und Wände eines gläsernen Gewächshauses: Es lässt die Sonneneinstrahlung passieren, behindert aber die langwellige Wärmeabstrahlung. Dieser Treibhauseffekt ist eine natürliche Erscheinung und eine lebenswichtige dazu, denn er hält die Erde wärmer und macht sie bewohnbar; ohne Treibhauseffekt wären die Meere auch nahe des Äquators mit Eis bedeckt.

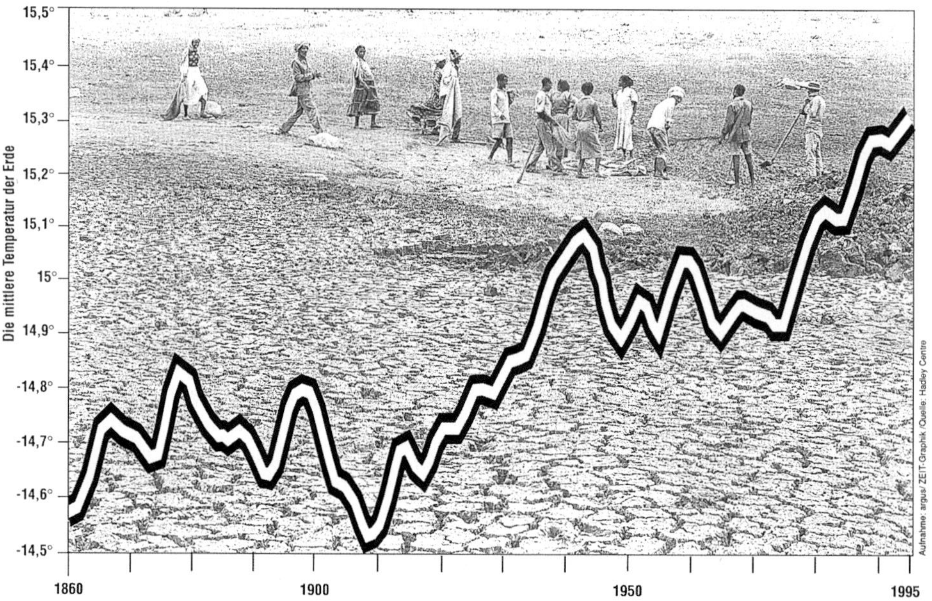

Eine zu starke Erwärmung aber, verursacht durch Nutzung fossiler Brennstoffe und Brandrodungen, würde einen globalen Klimawechsel darstellen. In den letzten zwanzig Jahren hat sich gezeigt, dass auch die Konzentrationen anderer derartiger »Treibhausgase« durch die menschlichen Aktivitäten in der Atmosphäre exponentiell zunehmen: jene von Methan, von Stickoxiden und von FCKW, die auch die Ozonschicht gefährden (Abbildung 3–21).

Eine globale Klimaveränderung lässt sich nicht rasch und schlüssig nachweisen. Die Wetterbedingungen ändern sich von Tag zu Tag und von Jahr zu Jahr; das Klima aber ist wissenschaftlich das errechnete »Durchschnittswetter« über Jahrzehnte. Eine Veränderung des Klimas kann man daher auch nur nach Jahrzehnten feststellen. Die Anzeichen freilich für eine globale Klimaerwärmung mehren sich. Die sieben wärmsten Jahre in diesem Jahrhundert waren – in der Reihenfolge nach zunehmender Durchschnittstemperatur – 1980, 1989, 1981, 1983, 1987, 1988, 1990 (Abbildung 3–22). Langjährige Beobachtungen haben ergeben, dass die eisfreien Jahresperioden kanadischer Seen um drei Wochen länger geworden sind; dadurch verändert sich die Artenzusammensetzung der aquatischen Fauna und Flora. Korallen in der Karibik verfärben sich weiß und sterben ab, weil nach Meinung einiger Wissenschaftler die Wassertemperaturen steigen. Satelliten melden eine abnehmende Eis- und Schneebedeckung der nördlichen Hemisphäre.

Dies sind keine direkten Beweise für eine globale Erwärmung der Atmosphäre durch die Treibhausgase. Doch auch wenn sie bewiesen wäre, wüsste man immer noch nicht sicher, welche Auswirkungen dies für die Menschen und die Balance des Ökosystems hat. Die Äußerungen mancher Politiker haben dazu geführt, dass aus dem Zustand des Unwissens Verwirrung und Spekulationen entstanden sind. Deshalb ist es wichtig, eindeutig festzustellen, was man heute mit Sicherheit sagen kann:

Es ist gewiss, dass menschliche Tätigkeiten, besonders die Nutzung fossiler Brennstoffe, die Konzentration der Treibhausgase in der Atmosphäre exponentiell erhöhen. Der Anstieg wird seit Jahrzehnten verfolgt. Konzentrations-

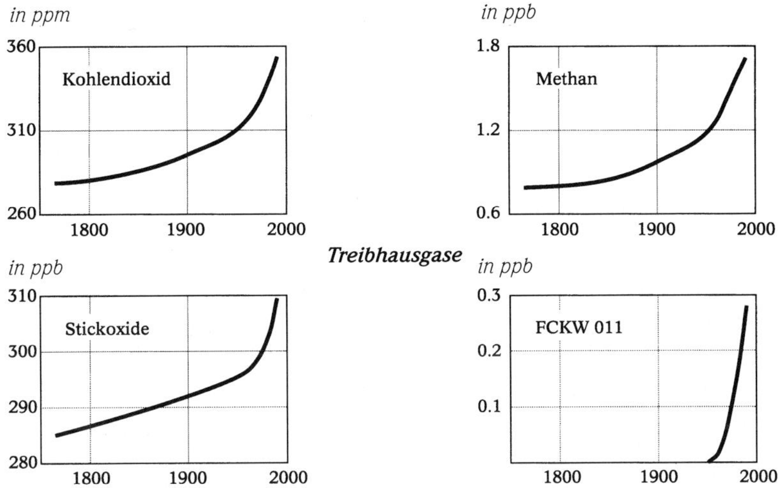

Treibhausgase

werte aus früheren Epochen lassen sich durch Analyse eingeschlossener Luftblasen in Eisbohrkernen aus bestimmten Schichten der Pol-Eiskappen nachweisen. Es gibt keinerlei Zweifel, dass die Konzentrationen steigen. Die Treibhausgase behindern die Wärmeabstrahlung von der Erdoberfläche in den Weltraum. Das ist schon lange bekannt und eine Folge der molekularen Struktur dieser Gase und ihrer spektroskopischen Absorptionsfrequenzen.
Die zurückgehaltene Wärme führt zu einer Erhöhung der Temperatur an der Erdoberfläche. Die Erwärmung wird an den Polen höher sein als in äquatorialen Breiten. Da aber die Temperaturdifferenzen zwischen Polen und Äquator die Antriebsenergie für den Wetterablauf und damit das Klima liefern, werden sich Stärke und Richtung der Wind- und Meeresströmungen sowie die Niederschläge ändern.
Bei einer höheren Globaltemperatur dehnen sich auch die Wassermassen der Ozeane aus. Der Meeresspiegel wird steigen; umso mehr, wenn die Erwärmung ausreichen sollte, größere Mengen der Polareismassen abzuschmelzen.

Meadows, Danella und Dennis; Randers, Jörgen: Die neuen Grenzen des Wachstums. – Stuttgart: Deutsche Verlagsanstalt, 1992. – S. 122 ff.

Temperaturdifferenz in °C zum Durchschnitt 1951–1980

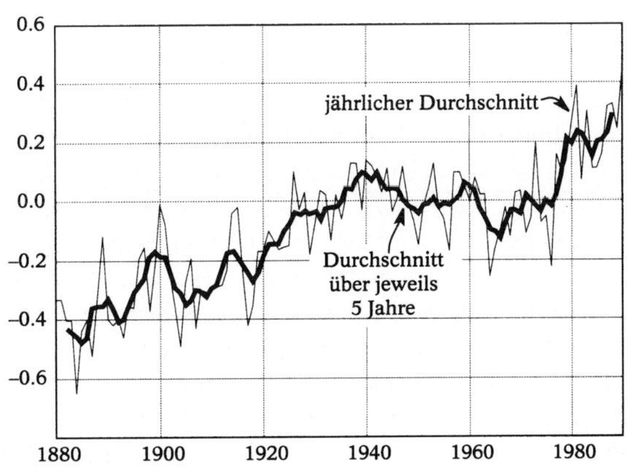

Steigende Durchschnittstemperatur

1) Interpretieren Sie die Diagramme »Treibhausgase« und »Steigende Durchschnittstemperatur« !
2) Welche Möglichkeiten hat der Mensch, der Gefahr globaler Erwärmung entgegenzuwirken?
3) Welche Opfer wären Sie bereit zu bringen? Können Sie sich vorstellen, teilweise auf ein Auto, Fernreisen u. a. zu verzichten? Begründen Sie Ihre Einstellung !

2.2 Biologie

Robert Unterhuber · **Unser Code wird geknackt**

Wenn wir wissen wollen, wer wir sind und woher wir kommen, müssen wir die Gene befragen. Das meint jedenfalls Mary Claire King, Professorin an der Universität von Berkeley in Kalifornien und eine leidenschaftliche Verfechterin des Human Genome Project. Das 1989 von den USA ins Leben gerufene Mammutvorhaben, an dem sich mittlerweile zehntausende Wissenschaftler aus 24 Ländern beteiligen, will das komplette menschliche Erbgut bis spätestens 2005 entschlüsselt haben. Auch einige ausgewählte Modellorganismen wie Hefen, Würmer und Fruchtfliegen sind in das Dechiffrierprogramm miteinbezogen. Die Forscher hoffen auf tiefe Einsichten: Die letzten Geheimnisse der Vererbung und Evolution sollen fallen. »Wenn wir Krebs, Aids und andere Killer jemals beherrschen wollen, müssen wir ihre molekularen Machenschaften genau verstehen«, wirbt Thomas Caskey. Er wacht über HUGO (Human Genome Organization), jene in Bethesda (USA) ansässige Zentrale, von der aus die weltweiten Anstrengungen des Genomprojekts gesteuert werden. Vor kurzem lud Caskey die Erbgut-Enthusiasten dieser Welt nach Washington. Gemäß dem Veranstaltungsmotto »The Genes and Beyond« diskutierten die Teilnehmer nicht nur aktuelle Fortschritte bei der Totalerfassung genetischer Baupläne, sondern auch die für die gesamte Menschheit spürbar gewordenen ethischen und sozialen Folgen ihres Tuns. Der Mensch ist durchsichtiger geworden – gläsern ist er noch lange nicht. Zwar sind inzwischen mehr als 500 krankheitsverursachende Gene bekannt, dennoch sind von der exakten Basenfolge des menschlichen Erbguts erst sieben Megabasen dechiffriert. Damit haben die Forscher auf den verschlungenen Pfaden der DNA lediglich 0,2 Prozent der schier unendlichen Wegstrecke zurückgelegt. »Selbst wenn wir mit Rückenwind weiter sequenzierten, würden wir beim jetzigen Stand der Technik noch 140 Jahre für den Rest benötigen«, meint Richard Gibbs vom Baylor College of Medicine in Houston. Mit der jetzt in Washington präsentierten Genkarte soll alles einfacher werden. Mit ihren 5840 Markierungen ist sie fast dreimal genauer als die bislang zur Verfügung stehenden Orientierungshilfen. »Von nun an müssen wir nicht mehr hilflos im Meer genetischer Information umhernavigieren, wenn wir nach Genen suchen«, triumphiert Daniel Cohen vom Pariser Centre d'Étude du Polymorphisme Humain. Die Auflösung der neuen Genkarte beträgt 0,7 Centimorgan, das entspricht einem mittleren Abstand zwischen zwei Markierungen von etwa 700 000 Basenpaaren. Die Einteilung in Morgan-Einheiten beruht auf einer Beobachtung des Genetikers Thomas Morgan im Jahre 1910, derzufolge zwei genetische Merkmale während der Zellteilung um so seltener voneinander getrennt werden, je näher sie beieinander liegen.

»Wir haben unsere genetische Unschuld verloren. Jetzt müssen wir uns überlegen, wie wir die neuen Erkenntnisse sinnvoll nutzen«, meint Nancy Wexler, Neuropsychologin an der Columbia-Universität in New York. Sie ist Mit-

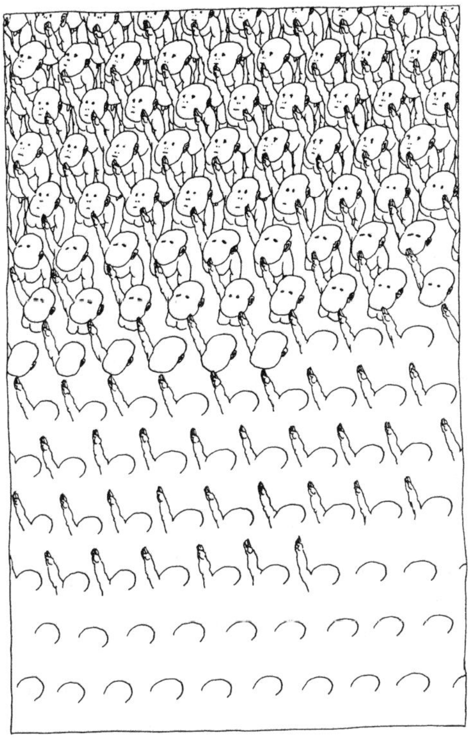

Hans-Georg Rauch: Klonerie

glied von ELSI, einer von den nationalen Gesundheitsinstituten (NIH) der USA eingerichteten Gruppe, die sich mit den ethischen, rechtlichen und sozialen Auswirkungen des Genomprojekts befasst. Ihre gesteigerte Aufmerksamkeit gilt dem neu entdeckten Gen BRCA-1, das Frauen für eine bestimmte Form von Brust- und Eierstockkrebs anfällig macht. Die Firma Myria Genetics aus Salt Lake City hat das Gen zum Patent angemeldet und arbeitet derzeit an der Entwicklung eines Bluttests zum Aufspüren der genetischen Webfehler.

Wird bald eine Gruppe von Frauen entstehen, die bei keiner Versicherung mehr unterkommen? »Die Gefahr ist real«, meint Wexler. »Ja, manche Frauen fürchten sogar niemand werde sie mehr heiraten wollen, weil sie nach einem positiven Brustkrebstest unversicherbar seien«. Dabei gehen jedoch nur etwa fünf Prozent aller Brustkrebsfälle auf das Konto des BRCA-1-Gens. Über den Globus verteilt dürfte es mehrere Millionen Frauen geben, die das mutierte Gen in ihren Zellen tragen. Sie werden mit 85-prozentiger Wahrscheinlichkeit im Laufe ihres Lebens an Brust- oder Ovarialkrebs erkranken. Noch ist aber völlig unklar, wie viele verschiedene Mutationen es auf diesem Gen gibt und mit welchem Risiko jede Einzelne behaftet ist. Ein Gentest kann aus Sicht der ELSI-Gruppe aber erst dann sinnvoll sein, wenn es überzeugende Strategien zur Prävention des familiären Brustkrebses gibt. Zudem müsse man die Häufigkeit falsch-positiver Testergebnisse kennen, meint Wexler, ehe man Frauen guten Gewissens zu einer genetischen Untersuchung schicken könne.

Niemand dürfe je zu einer medizinischen Erbuntersuchung gezwungen werden«, mahnt Francis Collins, Leiter des Nationalen Zentrums für Genomforschung in Bethesda. »Freiwilligkeit müsse stets oberstes Gebot bleiben. Collins plädiert dafür, Versicherungen und Arbeitgebern den Zugang zu genetischen Informationen gesetzlich zu verbieten. Genetisches Wissen dürfe nicht dazu missbraucht werden, Menschen vom Gesundheitssystem auszuschließen. »Es gibt bereits 39 Millionen Amerikaner, die ohne jede Krankenversicherung dastehen. Wenn das Genomprojekt weiterhin so viele Krankheitsgene aufspürt, wird bald jeder von uns unversicherbar sein«, sagte die First Lady der USA, Hillary Rodham Clinton.

Die Interessenten für diagnostische und prädiktive DNA-Daten stehen bereits Schlange. Zu ihnen gehören Adoptionsstellen, private Bildungseinrichtungen, Partnerinstitute und Betreiber von Samenbanken. In neunzehn US-Bundesstaaten ist es erlaubt, Erbgutproben von Straftätern zu nehmen. Dreizehn Staaten haben schon damit angefangen. Ein neuer Gesetzentwurf (Fair Health Information Practices Act) soll genau festlegen, welche Art genetischer Informationen wann und zu welchem Zweck gesammelt und herausgegeben werden darf. Bisher sind solche Daten nur innerhalb einer Arztpraxis geschützt.

Was die Genkarte verrät

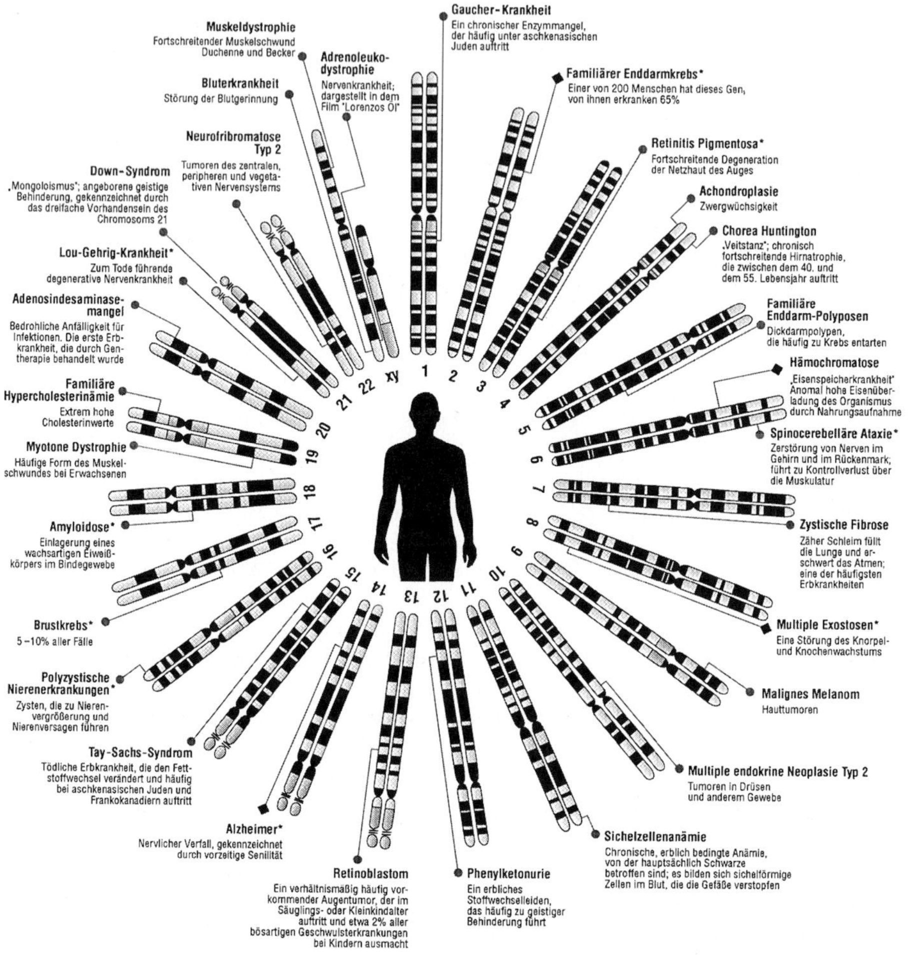

- ★ eine Form der Krankheit
- ● direkter DNA-Test möglich (am Individuum)
- ◆ indirekter DNA-Test möglich (über die Familie)

Quelle: Time magazine

ZEIT-Graphik

Zurück in die Zukunft. Damit amerikanische High-School-Schüler, die für ihr biologisches Grundwissen selten Preise gewinnen, frühzeitig auf den richtigen Umgang mit Genen vorbereitet werden, gab die American Medical Society eine brandneue Broschüre zum Genomprojekt heraus. Darin konfrontiert man die Manager von morgen mit einem ethischen Dilemma – dem hypothetischen Fall des Nathaniel Wu. Stellen Sie sich folgendes Szenario vor: Wu ist ein dreißigjähriger Top-Forscher, der sich bei Ihrer Biotec-Firma um eine leitende Position bewirbt. Er ist kerngesund und von allen Mitbewerbern der mit Abstand qualifizierteste. Wunderknabe Wu hat jedoch einen wunden Punkt. In seinem Erbgut tickt eine genetische Zeitbombe – das Gen für Chorea Huntington, den erblichen Veitstanz. Irgendwann wird die tödliche Krankheit ausbrechen – so viel steht fest. Mit sechzigprozentiger

Wahrscheinlichkeit innerhalb der nächsten zehn Jahre. Spätestens mit fünfzig wird er in einem Körper gefangen sein, den er nicht mehr zu kontrollieren vermag. Bizarre Grimassen, zuckende Bewegungen und Gedächtnisverlust werden seine Persönlichkeit entstellen. Sie sind der Personalchef. Wie würden Sie entscheiden?

DIE ZEIT – Nr. 44 vom 28. 10. 1994. – a. a. O. – S. 49.

1) Welches Ziel hat das Human Genome Projekt? Was haben die Wissenschaftler, die in aller Welt daran arbeiten, bereits erreicht?

2) Welche Probleme und Gefahren ergeben sich schon jetzt aus den Forschungsergebnissen oder sind für die Zukunft zu erwarten?

3) Am Ende des Textes wird ein Fall beschrieben, der amerikanische High-School-Schüler auf eine Zukunft vorbereiten soll, in der Genanalysen eine wichtige Rolle spielen. Wie beurteilen Sie den Fall?

Sabine Rückert · **Geschenktes Leben**

Vor einem halben Jahr erlebte Viktor L. eine Katharsis. Er gab ein paar Tropfen Blut ab, und in ihnen stand geschrieben, ob er zur Gesellschaft der Gelungenen, Glücklichen gehören würde oder zu denen, die auf der Verliererliste stehen.

Über vierzig Jahre hatte Viktor L. mit der Ungewissheit gelebt, ob die unheilbare Krankheit, die seine Familie im Blut hat, auch in seinem Körper wartet oder nicht. Chorea Huntington nennt man sie heute. Als die Nazis Viktor L.s Großvater 1943 aus der Psychiatrie abholten und als lebensunwert ermordeten, hatte das Leiden noch einen deutschen Namen: Veitstanz. Eine Nervenerkrankung, die mit motorischen Störungen beginnt und mit totalem Kontrollverlust endet.

Der Veitstanz wird durch einen genetischen Defekt ausgelöst, und dieser wird in die nächste Generation weitergegeben. Wessen Vater oder Mutter das veränderte Gen trägt, hat es mit fünfzigprozentiger Wahrscheinlichkeit geerbt. Wer es geerbt hat, muss dem Ausbruch der Krankheit irgendwann zwischen dem dreißigsten und dem fünfzigsten Lebensjahr entgegensehen – hundertprozentig.

Von den sechs Kindern, die Viktor L.s Großvater gezeugt hatte, erkrankten fünf. Der Einzige, der das Gen nicht geerbt hatte, verfiel dem Alkohol. Drei starben am Veitstanz, einer erschoss sich. Viktor L.s Vater wurde abgeholt. Die Mutter hatte ihren Mann schon vor der Einlieferung in die geschlossene Anstalt verlassen, den Sohn hatte sie mitgenommen. Die Krankheit hatte den Vater so verändert, dass sie ihn nicht mehr ertrug. Da war Viktor L. sechs. Sieben Jahre später warnte ein Nervenarzt, der ihn untersuchte: »Du darfst niemals Kinder kriegen!« Seither weiß Viktor L., was Determination ist: »Eine namenlose Angst blockiert dein Leben.«

Erst seit 1983 kann das Huntington-Gen im Gentest nachgewiesen werden. Heilung gibt es nicht – nur Gewissheit. Viktor L.s Cousin ist inzwischen an der Krankheit gestorben. Viktor L. selbst lebte bis zum Test, als sei ihm das Leben nur geliehen, nicht geschenkt. Er hat keine Frau, keine Kinder. Er fürchtete die Liebe. Ihn quält die unterschwellig nagende Angst, sich irgendwann in eine Zumutung zu verwandeln.

Doch die Ahnung der Katastrophe machte Viktor L.s Leben auch reich. Er betrachtet es als Privileg, einen Blick dafür bekommen zu haben, was wertvoll ist und »wie kostbar, wie bedroht das Leben ist«. Der Auseinandersetzung mit der Drohung verdankt er, sich mehr als andere Rechenschaft über sein Tun abgelegt zu haben. Ihr verdankt er »meine große Neigung

zu allem Gebrochenen, Verwundeten und meine große Lebenslust«. Nie hat er daran gedacht, sich das Leben zu nehmen. Nicht einen Tag hätte er seine Einmaligkeit, wenn sie auch verdüstert war, gegen das Leben eines anderen eintauschen wollen.
Trotzdem ist Viktor L. dem Doktor um den Hals gefallen, als der ihm zwei Wochen nach der Blutabnahme versicherte, dass er vom Gen verschont geblieben sei. Danach rief er seine Mutter an, um ihr von der Lebensdraufgabe zu erzählen. Jahrzehnte voll Gesundheit und Zuversicht. Ein Geschenk der Genetik.
Und doch, die Genetik ist Viktor L.s Feindin. Sie hilft nicht bei einem bösen Befund. Sie dividiert die Menschen nur auseinander – schon vor dem Ausbruch der Krankheit, schon vor der Geburt. Die Tatsache, dass Chorea Huntington bei vorgeburtlicher Diagnose Grund für eine embryopathisch indizierte Abtreibung ist, betrachtet Viktor L. als Angriff auf seine Person. Sein Leben, so wie er es jetzt vierzig Jahre gelebt hat, soll nach der Meinung anderer nicht lebenswert gewesen sein. Dabei haben doch die meisten, die den Veitstanz in sich tragen, dreißig gesunde Jahre.
Und dann denkt Viktor L. an die Unfall- und Drogenstatistiken, in denen unzählige Achtzehnjährige aufgeführt sind. Oder er denkt an Millionen von Menschen in Afrika, Asien oder Südamerika, die alles geben würden für dreißig gesunde Jahre. »Unsere Definitionen von Glück und Leben sind sehr vorläufig«, sagt Viktor L. »Es gibt immer noch etwas anderes, das auch etwas bedeutet und was – gerade durch die Genetik – hinausgedrängt werden soll. Es ist die Erinnerung an die Zerbrechlichkeit allen Daseins.«

DIE ZEIT. – Nr. 45 vom 4.1.1994. – a.a.O. – S. 19.

1) Welche Vorstellungen beeinträchtigten lange das Leben des Viktor L.?
2) Warum hält Viktor L. die Genetik für seine Feindin? Wie denken Sie selbst darüber?

2.3 Informatik

Bill Gates · **Über die Zukunft der Informationsgesellschaft**

Der technische Wandel wird auch die Architektur beeinflussen. Wenn wir uns daran gewöhnen, unsere Häuser anders zu nutzen, wird sich ihre Bauweise verändern. Die Baupläne werden computergesteuerte Bildschirme verschiedener Größe vorsehen. In den Rohbau wird man Kabel verlegen, die die Elemente der elektronischen Anlagen miteinander verbinden, und bei der Anordnung der Bildschirme wird man auf die Lage der Fenster achten, um unerwünschte Lichtreflexe zu vermeiden. Der Anschluss von Informationsgeräten an den Highway wird viele materielle Dinge überflüssig machen: Nachschlagewerke, Stereoempfänger, CDs, Faxgeräte, Aktenschränke und Ablagen für Unterlagen und Quittungen. Umfangreiche Papierberge werden zu digitalen Daten schrumpfen, die sich nach Belieben abrufen lassen. Sogar alte Dias brauchen nicht mehr gerahmt zu werden – man wird sie digital speichern und auf dem Bildschirm betrachten können.
Alle diese Einzelheiten haben mich persönlich beschäftigt, da ich gerade ein Haus baue und dabei die nahe Zukunft einplanen möchte. Mein Haus wird so entworfen und gebaut, dass es seiner Zeit ein bisschen voraus ist. Vielleicht vermittelt es ja auch einen kleinen Eindruck von der Zukunft des Wohnens. Doch wenn ich die Pläne beschreibe, blicken mich meine Gesprächspartner manchmal verblüfft an und fragen: »Wollen Sie das wirklich bauen ?«
Wie fast jeder, der vorhat, ein Haus zu bauen, möchte ich, dass es sich in seine Umgebung

einfügt und den Bedürfnissen der Menschen gerecht wird, die einmal darin wohnen werden. Es soll architektonisch ansprechend sein. Vor allem aber soll es gemütlich sein, denn ich möchte dort mit Frau und Kindern wohnen. Man lebt in enger Partnerschaft mit einem Haus, einer »Wohnmaschine«, wie Le Corbusier gesagt hat, einer der großen Architekten des 20. Jahrhunderts.

Mein Haus besteht aus Holz, Glas, Beton und Stein. Es wird in einen Hügel hineingebaut, und die meisten seiner großen Glasfenster gehen Richtung Westen mit Blick über den Lake Washington nach Seattle, sodass man den Sonnenuntergang und die Silhouette der Berge genießen kann.

Wenn Sie auf dem halbkreisförmigen Vorplatz halten, werden Sie, obwohl Sie vor der Eingangstür stehen, nicht viel vom Haus sehen. Sie werden nämlich das oberste Stockwerk betreten. Beim Eintreten bekommen Sie zunächst einen elektronischen Clip, den Sie sich an die Kleidung heften. Der wird Sie mit den elektronischen Geräten des Hauses verbinden. Dann begeben Sie sich nach unten – mit dem Fahrstuhl oder über die Treppe, die unter einem schrägen, von Holzpfosten getragenen Glasdach direkt bis zum Wasser führt.

Die Holzbalken tragen auch die beiden Stockwerke, in denen sich die Privaträume befinden. An ihnen kommen Sie auf Ihrem Weg nach unten zunächst vorbei. Eine Privatsphäre ist für mich unverzichtbar: Ich brauche ein Haus, das auch dann noch ein Zuhause bietet, wenn sich in anderen Räumen Gäste tummeln.

Am Fuß der Treppe werden links das Kino und rechts, nach Süden, die Empfangshalle liegen. Wenn Sie die Empfangshalle betreten, befinden sich zu Ihrer Rechten einige Glasschiebetüren, die sich auf eine Seeterrasse öffnen. In die Ostmauer werden 24 Bildschirme eingelassen sein, jeder mit einer 40-Zoll-Bildröhre, vier Reihen übereinander mit je sechs Monitoren. Diese Schirme werden so zusammengeschaltet sein, dass sie große Bilder für kulturelle, unterhaltsame oder berufliche Anlässe liefern.

Der elektronische Clip, den Sie tragen, wird dem Haus mitteilen, wer und wo Sie sind, und anhand dieser Informationen wird das Haus versuchen, Ihren Bedürfnissen gerecht zu werden oder diese sogar vorwegzunehmen – und das so unauffällig wie möglich. Vielleicht braucht man eines Tages den Clip nicht mehr: Dann wird man ein Kamerasystem mit der Fähigkeit zur visuellen Erkennung haben. Im Moment ist das allerdings noch technologische Zukunftsmusik. Wenn es dunkel ist, wird der Clip dafür sorgen, dass Sie von einer beweglichen Lichtzone durchs Haus begleitet werden. Ungenutzte Räume werden im Dunkeln bleiben. Wenn Sie einen Flur entlang gehen, werden Sie vielleicht bemerken, dass sich das Licht vor Ihnen allmählich zur vollen Stärke aufblendet, während es hinter Ihnen wieder verdämmert. Auch die Musik wird sich mit Ihnen bewegen. Sie scheint überall zu sein, tatsächlich aber werden andere Menschen im Haus ganz andere Musik oder gar nichts hören. Sogar Filme oder Nachrichten werden in der Lage sein, Ihnen durchs Haus zu folgen. Wenn Sie einen Telefonanruf bekommen, wird nur der Apparat klingeln, der Ihnen in dem Moment am nächsten ist.

Die Technik wird sich Ihnen nicht aufdrängen, aber sie wird überall vorhanden sein und Ihnen jederzeit zur Verfügung stehen. Mit handlichen Fernbedienungen können Sie Ihre unmittelbare Umgebung und das Unterhaltungssystem des Hauses steuern. Die Fernbedienung wird die Servicepalette Ihrer Clips erweitern. Auf diese Weise ist nicht nur dafür gesorgt, dass das Haus Sie identifiziert und lokalisiert, sondern auch, dass Sie Befehle erteilen können. Mit Hilfe der Fernbedienungen weisen Sie die Monitore in einem Zimmer an, sichtbar zu werden und Ihnen das zu zeigen, was Sie wünschen. Dabei können Sie Ihre persönliche Wahl unter tausenden von Bildern, Aufzeichnungen, Filmen und Fernsehprogrammen treffen.

Letztlich werden weder meine Generation

Schulcomputer in den USA

noch die davor den Information Highway richtig nutzen können, sondern erst künftige Generationen. Die Kinder, die in den letzten zehn Jahren mit PC groß geworden sind, und die, die in den nächsten zehn Jahren mit dem Highway aufwachsen, werden alle Möglichkeiten der neuen Technologie erschließen.

Wir müssen besonders darauf achten, geschlechtsspezifischen Ungleichgewichten entgegenzuwirken. Als ich jung war, schien man nur von Jungen zu erwarten, dass sie sich mit Computern beschäftigten. Heute sind Mädchen an Computern sehr viel interessierter als vor 20 Jahren, trotzdem findet man noch immer weit weniger Frauen in einschlägigen Berufen. Nur wenn wir dafür sorgen, dass Mädchen sich genauso früh wie Jungen an Computer gewöhnen, dürfen wir erwarten, dass sie angemessen in all den Berufen vertreten sein werden, für die Computerkenntnisse erforderlich sind.

Aus meiner eigenen Kindheit und von den Kindern meiner Freunde weiß ich, dass man einen jungen Menschen nur mit einem Computer zusammenbringen muss, um ihn für die Sache zu gewinnen. Allerdings müssen wir entsprechende Gelegenheiten schaffen. Schulen sollten für wenig Geld Zugang zu Computern haben, die mit dem Information Highway verbunden sind, und die Lehrer müssten gut ausgebildet im Umgang mit den neuen Werkzeugen sein.

Zu den faszinierenden Aspekten des Highway gehört, dass sich Gleichheit in der virtuellen Welt leichter als in der realen herstellen lässt. Man würde erhebliche Mittel benötigen, um die Schulbüchereien aller ärmeren Gebiete genauso gut auszustatten wie etwa die Schulbibliotheken in Beverly Hills. Doch sobald unsere Schulen on line sind, stehen ihnen allen die gleichen Informationen zur Verfügung, egal, wo diese gespeichert sind. In der virtuellen Welt sind wir alle gleich und können diesen Umstand dazu nutzen, einige der sozialen Probleme anzugehen, die die Gesellschaft in der realen Welt erst noch lösen muss. Zwar wird das Netz allein die Schranken von Vorurteil und Ungleichheit nicht aufheben, aber doch einen erheblichen Beitrag dazu leisten.

Der Information Highway wird alle nationalen Grenzen überwinden und zu einer Weltkultur oder zumindest zu einem regen Austausch von kulturellen Aktivitäten und Werten führen. Gleichzeitig wird er heimatverbundenen oder sogar aus ihrer Heimat vertriebenen Menschen, die noch tief in ihren ethnischen Ursprüngen verwurzelt sind, die Möglichkeit geben, mit Gleichgesinnten in Verbindung zu treten, ganz gleich, wo sie leben. Dies könnte die kulturelle Vielfalt stärken und den Tendenzen zur Bildung einer einzigen großen Weltkultur entgegenwirken.

Wir Menschen brauchen das Empfinden, zu vielen Gemeinschaften zu gehören, auch zu einer Weltgemeinschaft. Das Gefühl gemeinsamer nationaler Erfahrungen vermitteln in den Vereinigten Staaten vor allem Ereignisse, die wir gemeinsam am Fernsehschirm miterleben – die Explosion kurz nach dem Start der »Challenger«-Raumfähre, das Super-Bowl-Endspiel, die feierliche Amtseinführung eines Präsidenten, die Berichterstattung über den Golfkrieg oder über den Prozess gegen O. J. Simpson. In solchen Augenblicken sind wir »zusammen«.

In einer Welt, die zunehmend mit elektronischen Geräten ausgestattet wird, könnten wir einen Punkt erreichen, wo Kameras die meisten in der Öffentlichkeit stattfindenen Vorgänge aufzeichnen. Videokameras an öffentlichen Orten sind schon weitgehend selbstverständlich geworden. Oft versteckt angebracht, finden sie sich an und in Banken, Flughäfen, Geldautomaten, Krankenhäusern, Autostraßen, Geschäften, in den Eingangshallen von Hotels und Bürogebäuden und in Fahrstühlen.

Die Vorstellung, überall von Kameras überwacht zu werden, hätte uns vor 50 Jahren wohl noch großes Unbehagen bereitet – denken wir an George Orwells »1984«. Heute regt sie uns nicht mehr auf. In den Vereinigten Staaten und in Europa gibt es Stadtviertel, deren Bewohner froh sind, dass es solche Kameras in Straßen und auf Parkplätzen gibt. In Monaco ist die Straßenkriminalität praktisch ausgestorben, seit man das winzige Fürstentum mit hunderten von Videokameras bestückt hat. Schließlich ist Monaco – mit seiner Fläche von 195 Hektar – so klein, dass ein paar hundert Kameras für eine Totalerfassung ausreichen.

Viele Eltern würden es begrüßen, wenn Schulhöfe mit Kameras ausgestattet würden, um Drogendealer, Leute, die Kinder belästigen, oder Schulrowdys abzuschrecken beziehungsweise leichter fassen zu können. Jede Straßenlaterne ist eine wichtige staatliche Investition für die öffentliche Sicherheit. In wenigen Jahren wird man für wenig Geld Laternen mit Kameras nachrüsten können, die mit dem Information Highway verbunden sind. Ein Jahrzehnt noch, und man wird in der Lage sein, Videoaufzeichnungen von Computern äußerst kostengünstig nach einer bestimmten Person oder Aktivität durchmustern zu lassen. Ich könnte mir gut vorstellen, dass man verlangen wird, jede Straßenlaterne mit einer oder mehreren Kameras zu versehen.

Den Zugriff auf solche Informationen könnte man so regeln, dass die Filmaufzeichnungen der Kameras nur bei Vorliegen eines Verbrechens und wahrscheinlich auch eines Gerichtsbeschlusses freigegeben werden. Vielleicht wird man hier und da auch verlangen, dass die Bilder jeder Kamera jederzeit von jedem Bürger in Augenschein genommen werden dürfen. Nach meinem Dafürhalten wirft dies erhebliche Datenschutzprobleme auf, doch vielleicht sehen Juristen das anders, solange sich die Kameras nur an öffentlichen Orten befinden.

Wenn sich eines Tages erweisen sollte, dass bei Pilotprojekten in bestimmten Kommunen allgegenwärtige Kameras mit Verbindungen zum Highway die Kriminalitätsrate deutlich verringern, würde wohl eine leidenschaftliche Kontroverse über die Frage anheben, ob der Überwachungsstaat mehr zu fürchten sei als das Verbrechen.

Gates, Bill: Die 500-Millionen-Dollar-Wette. – In: Der Spiegel. 48/1995. – a. a. O. – S. 112 ff.

1) **Welche der technischen Neuerungen, die Gates für sein neues Haus entwirft, würden Sie für Ihr eigenes Haus übernehmen, vorausgesetzt, Sie hätten die Mittel dazu? Welche würden Sie nicht wollen? Warum?**
2) **Wie beurteilen Sie Gates These, dass der Information Highway einen Beitrag zur Bereicherung der Weltkultur leisten wird?**
3) **Was halten Sie von Gates Vorschlag einer kompletten Videoüberwachung öffentlicher Einrichtungen, Straßen und Plätze?**

Clifford Stoll · Die Wüste Internet

1977 proklamierte Ken Olson, Präsident der Digital Equipment Corporation: »Es gibt keinen Grund für irgendjemanden, einen Computer zu Hause zu haben.« Ein Jahr zuvor hatte ich einen heißgeliebten Heimcomputer gebaut, eine flotte Steinzeitschachtel mit 4 Kilobyte Speicherkapazität, die Text auf einen Fernsehbildschirm übertrug. Fünf Jahre später war ich ans Arpanet, den Vorgänger des Internet, angeschlossen. Als das Netz wuchs, schrieb ich Programme und nutzte das Netz für Wissenschaft und Freizeit.

Doch im Laufe der letzten Jahre hat sich bei mir eine Wandlung vollzogen. Was so vielfältig, so schön, so neu begann, scheint heute weniger zu sein, als es den Anschein hat. Gelegentlich sehne ich mich zurück in die gute alte Zeit, als Computer in Glasräumen standen und mechanische Fernschreiber ratterten. Man konnte die Bits in der Lochkarte sehen und das Ozon riechen, wenn der Drucker klemmte.

Aber schreiben Sie mich nicht ab als eine Art digitalen Maschinenstürmer, der es auf Silikon-Webstühle abgesehen hat. Wie meine Freunde im Netz bin ich zuversichtlich, dass das Internet gedeihen wird. Ich fühle mich ein wenig wie ein Axolotl-Salamander, der Lungen ausbildet, zum Landtier wird und sich schließlich fragt, was wohl mit seinen Kiemen geschehen sein mag. Freilich erklärt das noch nicht mein eierköpfiges Frohlocken bei jeder neuen Generation von Mikroprozessoren, oder warum mein Macintosh nach immer schnelleren Modems verlangt.

Nehme ich bewusst nur die beunruhigenden und abstoßenden Aspekte dieses vielfältigen Mediums zur Kenntnis? Nun ja, zum Teil schon. Die Technologie braucht heutzutage nicht noch mehr Reklame. Schlagen Sie irgendeine Zeitschrift auf, und holen Sie sich Ihren Schuss tosenden Beifall und vierfarbiges Hochglanzstaunen. Plaudern Sie mit euphorischen Computer-Cowboys, und hören Sie, wie die elektronische Revolution uns alle im universalen Internet vereint und wie Online-Erfahrungen Ihnen ein besseres Leben bescheren können. Oder wählen Sie sich ein – verbringen Sie eine Woche in der elektronischen Welt. Sie werden sicherlich eine komplexere Umgebung vorfinden, als ich Ihnen hier einrede.

Aber denken Sie daran, es ist eine Welt, die nicht existiert. Während der Woche im Netz hätten Sie Tomaten anpflanzen können, freiwillig im Krankenhaus arbeiten, mit dem Lehrer Ihres Kindes sprechen und dem Kleinen von nebenan zeigen, wie man einen Baseball fängt. Sie meinen, Sie könnten all das tun und trotzdem ein reiches Leben on line führen? Nichts da. Jede Stunde, die Sie vorm Bildschirm verbringen, sind sechzig Minuten, die Sie etwas anderes bleiben lassen. Eine Vase zu töpfern erfordert dieselbe Konzentration und Hingabe wie die Erforschung eines Multi-User-Dungeons. Und nur etwas weniger, als sich mit Jon Gradie in einer Höhle zu verirren.

Erinnern Sie sich an jene ungelenken Zeichnungen, bei denen man alle Fehler im Bild herausfinden musste? Da gab es sechsbeinige Hunde, eine auf dem Kopf fliegende Ente, ein Kind mit zwei Köpfen. Dann und wann begegne ich im wirklichen Leben Dingen, die so bizarr sind, dass ich mich frage: »Wo steckt der Fehler?«

Wir alle möchten, dass Kinder die Erfahrung von Wärme, menschlicher Gesellschaft und Entdeckerfreude machen und ihnen die Grundlagen fürs Leben vermitteln: Lesen, Auskommen mit anderen Menschen und staatsbürgerliche Werte. Nur ein Lehrer, der live im Klassenzimmer anwesend ist, kann solche Anregungen vermitteln. Über Lautsprecher, Fernsehen oder Computerbildschirm ist das nicht möglich. Und doch stoße ich allenthalben auf Eltern und Schulleiter, die sich für interaktiven Unterricht an Terminals stark machen.

Wo steckt der Fehler in diesem Bild?

Der Staat North Carolina gab sieben Millionen Dollar aus, um sechzehn Sekundarschulen mit einem Glasfasernetz auszustatten. Es ist eines jener um Auffälligkeit bemühten Experimente, die Politiker und Bildungsfachleute anlocken. Über dieses interaktive Videosystem kann Studienrätin Maria Domoto in vier Lehranstalten Japanisch

Petrus Wandrey: »Personal Identity«

unterrichten. Sie sieht ihre Schüler und tritt mit ihnen über einen unterteilten Bildschirm in Kontakt. Auch Tests kann sie ihnen faxen. Die Klassengröße ist dennoch begrenzt. »Wenn sie über zwanzig bis dreißig hinausgeht, verliert man jeglichen persönlichen Kontakt«, sagt Frau Domoto. »Ich will die Schüler sehen, die ich unterrichte.« Sie spricht damit einen wichtigen Punkt an: Selbst mit elektronischen Verbindungen können Lehrer nicht mit mehr als zwei Dutzend Schülern arbeiten. So war es bei unseren Großeltern, und so wird es auch bei unseren Enkeln sein. Fernsehen, Radio und Computer mögen uns großartige Pädagogen ins Leben holen. Doch kein Lehrer ist in der Lage, allen gleichzeitig zuzuhören.

Der Unterricht von Frau Domoto begann mit 26 Lernenden. Am Ende des Schuljahres war die Hälfte durchgefallen oder weggeblieben. Kaum verwunderlich, wenn man der Lehrkraft nicht persönlich begegnet. Wie soll sie die Schreibhaltung eines Schülers berichtigen, oder erklären, wie man Pinselstift oder Stäbchen hält? Wie auch immer, Japanisch ist kein Fach, das man nebenbei erledigt. Die Schüler müssen Engagement entwickeln – also gerade das, wozu Fernsehen und Computer keinen Anstoß geben.

Worüber das Experiment von North Carolina keine Auskunft gibt, ist das Problem Disziplin. Wie jeder Lehrer bestätigen wird, ist es schon unter gewöhnlichen Bedingungen schwierig genug, den Unterricht geordnet durchzuführen. Aber vielleicht stellt sich die Frage im elektronischen Klassenraum ja auch gar nicht mehr: Wen interessiert schon die Disziplin, wenn kein Lehrer mehr da ist? Man hat also sieben Millionen Dollar ausgegeben, damit die Schüler im Unterricht fernsehen können. Ich

frage mich, wie viele Lehrer sich mit diesem Geld anstellen ließen und wie viele Bücher man dafür kaufen könnte. Wo steckt der Fehler?
Chris Wettle hat weit mehr Geld ausgegeben, um kommerzielles Unterrichtsfernsehen an die Schulen zu bringen. Seine Anstalt Channel 1 versprach, das Lernen schöner zu machen. Sie scheiterte mit diesem Anspruch und wurde eingestellt. Früher versuchten es die Schulen mit Schulfunk, Lehr- und Kinofilmen. Manches davon wird noch genutzt. Aber denken Sie mal an Ihre eigenen Erfahrungen: Nennen Sie drei Unterrichtsprogramme, die Sie inspiriert haben. Und jetzt drei Lehrer, die in Ihrem Leben eine Rolle spielten.
Der volkstümliche Mythos will es, dass Netze leistungsstark, weltumspannend, schnell und preiswert sind. Sie sollen der rechte Ort sein, um Freunde zu treffen und Geschäfte zu machen. Man findet dort angeblich Unterhaltung, Fachwissen und Bildung. Kurz: Es kommt darauf an, on line zu sein.
Das ist nicht unbedingt der Fall.
Unsere Netze können frustrierende, teure und unzuverlässige Verbindungen sein, die sinnvoller Arbeit in die Quere kommen. Es ist eine hochgejubelte, inhaltsleere Welt, der jegliche Wärme und Mitmenschlichkeit fehlt.
Die viel gepriesene Informations-Infrastruktur geht an den meisten sozialen und wirtschaftlichen Zeitfragen vorbei. Gleichzeitig bedroht sie wertvolle Bestandteile unseres gesellschaftlichen Lebens, wie Schulen, Büchereien und soziale Institutionen.
Vögel singen da nicht.
Allen Verheißungen virtueller Gemeinschaften zum Trotz: Es ist wichtiger, ein wirkliches Leben in einer wirklichen Umgebung zu führen. Ich begann die Niederschrift dieser Überlegungen in einem Zustand des Zweifels und inneren Zwiespalts gegenüber Computern, Netzen und der Kultur, in die sie sich einbetten.
Zuerst wollte ich über technische Angelegenheiten nachdenken. Doch ich fand mich immer wieder bei demselben Gedanken wieder: dass wirkliches Leben und authentische Erfahrung weit mehr bedeuten, als ein Modem jemals bieten kann. Informationskultur ist nicht gleichbedeutend mit Wissen. Elektronische Netze untergraben wichtige Teile unseres Gemeinwesens. Wie Autos und Fernsehgeräte erteilen sie uns eine höchst verführerische Freiheit, nämlich die »Freiheit zu«. Während ich zu den lockenden Botschaften aus meinem Computer auf Distanz gehe, fange ich an, mich mit einer anderen Sorte Freiheit vertraut zu machen – nennen wir es die »Freiheit von«.

Stoll, Clifford: Die Wüste Internet. Geisterfahrten auf der Datenautobahn. – Frankfurt a. M.: S. Fischer Verlag, 1996. – S. 29 ff.

1) Warum steht Stoll einem häufigen Gebrauch des Internet kritisch gegenüber?

2) Der Autor sagt, dass »elektronische Netze wichtige Teile unseres Gemeinwesens untergraben«. Was meint er damit? Wie sehen Sie selbst dieses Problem?

3 Wissen und Moral – Ein Blick in die Geschichte

Die Übersicht verdeutlicht die wichtigsten Argumentationsstränge ohne Anspruch auf Vollständigkeit und verweist auf die Vertreter der Traditionen, die im folgenden Kapitel ausgewählt wurden.

Antike

Wissen und Moral

Sophokles: Antigone
Platon: Charmides

Beginn der Neuzeit

Wissen
vor
Moral auf Zeit

René Descartes: Discours de la méthode (1637)

Idealismus

Kategorischer Imperativ:
Primat der praktischen Vernunft

Moral
vor
Wissen

Immanuel Kant: Kritik der praktischen Vernunft (1788)

Utilitarismus

Hedonistisches Kalkül
Prinzip der Nützlichkeit

Glück
Freude und Leid

Jeremy Bentham: Einführung in die Prinzipien der Moral und Gesetzgebung (1789)

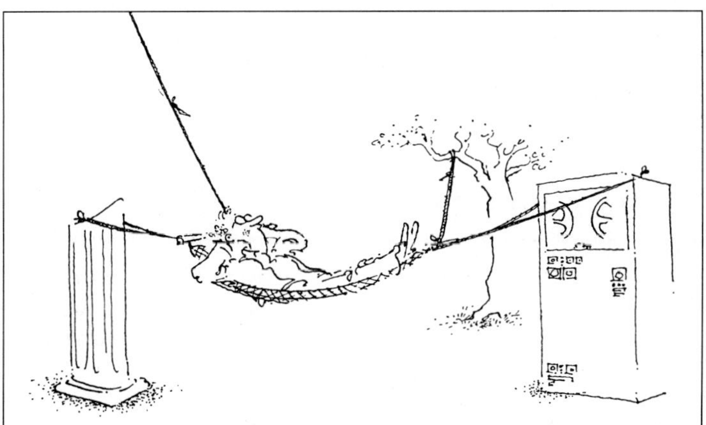

Vladimir Renčin

3.1 Antike

Sophokles · Zum Guten schreiten

Viel Ungeheures ist, doch nichts
So Ungeheures wie der Mensch.
Der fährt auch über das graue Meer
Im Sturm des winterlichen Süd
Und dringt unter stürzenden Wogen durch.
Und der Götter Heiligste, die Erde,
Die unerschöpfliche, unermüdliche,
Plagt er ab,
Mit wendenden Pflügen Jahr um Jahr
Sie umbrechend mit dem Rossegeschlecht.

Und der leicht-sinnigen Vögel Schar
Holt er mit seinem Garn herein
Und der wilden Tiere Völker, und
Die Brut des Meeres in der See
Mit netzgesponnenen Schlingen:
Der alles bedenkende Mann. Er bezwingt
Mit Künsten das draußen hausende Wild,
Das auf Bergen schweift,
Und schirrt das raunackige Pferd
An dem Hals unters Joch
Und den unermüdlichen Bergstier.

Auch die Sprache und den windschnellen
Gedanken und städteordnenden Sinn
Bracht' er sich bei, und unwirtlicher Fröste
Himmelsklarheit zu meiden und bösen Regens
Geschosse, allerfahren. Unerfahren
Geht er in nichts dem Kommenden entgegen.
Vor dem Tod allein
Wird er sich kein Entrinnen schaffen.
Aus Seuchen aber, unbewältigbaren,
Hat er sich Auswege
Ausgesonnen.

In dem Erfinderischen der Kunst
Eine nie erhoffte Gewalt besitzend,
Schreitet er bald zum Bösen, bald zum Guten.
Achtet er die Gesetze des Lands
Und das bei den Göttern beschworene Recht:
Hoch in der Stadt! Verlustig der Stadt,
Wem das Ungute sich gesellt
Wegen seines Wagemuts! –
Sitze mir nicht am Herd
Noch habe Teil mit mir am Rat,
Wer so tut!

Sophokles: Antigone. – In: Griechische Theater. Aischylos, Sophokles, Aristophanes, Menander/deutsch v. W. Schadewald. – Frankfurt a. M.: Suhrkamp, 1983. – S. 118 f.

1) Welche menschlichen Fähigkeiten lässt der Dichter Sophokles den Chor in seiner Tragödie Antigone beschreiben?
2) Welche Möglichkeiten werden für den hier vorgestellten Menschen am Ende sichtbar? Welche Entscheidung wird von ihm erwartet?
3) Inwiefern lassen sich Bezüge zur Gegenwart herstellen?

Platon · »... dass alles dieses gut geschehe«

So höre denn, sprach ich, meinen Traum, ob er aus der Pforte von Horn kommt oder aus der von Elfenbein. Wenn nämlich die Besonnenheit, sofern sie dasjenige ist, was wir jetzt festgestellt haben, auch noch so sehr über uns herrscht, würde dann nicht überall nach der Erkenntnis verfahren werden und keiner, der ein Steuermann zu sein behauptete, es aber nicht wäre, uns hintergehen können, noch auch ein Arzt oder Heerführer noch sonst einer, der vorgäbe zu wissen, was er nicht weiß, würde unentdeckt bleiben? Würde uns aber hieraus, wenn es sich so verhielte, wohl etwas anderes entstehen, als dass wir eben gesünder sein werden am Leibe als jetzt und besser aus Gefahren zur See und im Kriege errettet werden, und dass unser Hausgerät, Kleidung, Beschuhung und was sonst hierher gehört, kunstreich wird gearbeitet sein, weil wir uns überall wahrer Künstler bedienten? Ja, wenn du willst, wollen wir auch noch die Wahrsagekunst zugeben, dass sie eine Erkenntnis des Zukünftigen sein werde, und die Besonnenheit soll auch dieser vorstehen, um die Großsprecher abzuwehren und uns die wahrhaften Wahrsager als Ausleger des Zukünftigen aufzustellen. Dass nun das menschliche Geschlecht, also versorgt, verständig handeln und leben würde, das begreife ich. Denn die Acht habende Besonnenheit würde nicht zulassen, dass sich uns der Unverstand als Mitarbeiter neben einschleichen könnte.

Dass wir aber, verständig und erkenntnismäßig lebend, auch gut leben und glücklich sein würden, das können wir doch noch nicht einsehen, lieber Kritias. –

Aber, sagte er, du wirst doch nicht leicht ein anderes Ziel des Gutlebens finden, wenn das erkenntnismäßige dir zu schlecht ist. – Lehre mich nur noch das Wenige, sprach ich, welcher Erkenntnis gemäß du denn meinst? Etwa der von Schneidung der Schuhe? – Beim Zeus, sagte er, die meine ich nicht. – Oder von Verarbeitung des Metalls? – Keineswegs. – Oder der Wolle, des Holzes und irgendsonst etwas dergleichen? – Auch nicht. – Also, sprach ich, bleiben wir nicht mehr bei der Erklärung, der lebe glückselig, der erkenntnismäßig lebe; denn diesen, obgleich sie erkenntnismäßig leben, willst du doch nicht zugestehen, dass sie glückselig sind; sondern du scheinst mir nur als einen in gewisser Hinsicht erkenntnismäßig Lebenden den Glückseligen zu beschreiben; und vielleicht meinst du den, dessen ich eben erwähnte, der das Zukünftige alles wissen soll, den Wahrsager. Meinst du den oder einen andern? – Auch den, sagte er, meine ich, auch andere. – Welche doch? fragte ich. Nicht etwa den, der außer dem Zukünftigen auch das Vergangene alles wüsste und das Gegenwärtige, und dem gar nichts unbekannt wäre? Denn lass uns annehmen, es gäbe einen solchen. Und ich denke doch, du wirst nicht behaupten, dass irgendjemand erkenntnismäßiger lebe als dieser. – Freilich nicht. – Das aber vermisse ich nun noch, welche von seinen Erkenntnissen ihn glückselig macht; oder alle auf gleiche Weise? – Mitnichten auf gleiche Weise. – Aber welche denn vornehmlich? Was doch aus allem Gegenwärtigen, Vergangenen und Zukünftigen weiß er durch diese? Etwa was zum Brettspiel gehört? – Ei was Brettspiel! sagte er. – Oder zum Rechnen? – Keineswegs. – Oder zur Gesundheit? – Schon eher. – Aber jene eigentliche, sprach ich, die ich meine, was erkennt er durch die? – Das Gute, sagte er, und das Böse. – O du böser Mensch! sprach ich, so lange ziehst du mich rundherum und verbirgst mir, dass nicht das erkenntnismäßig Leben überhaupt wohllebend und glückselig macht, auch nicht das nach allen andern Erkenntnissen zusammengenommen, sondern nur das nach dieser einen, welche sich auf das Gute und Böse bezieht! Denn, Kritias, wenn du nun diese Erkenntnis wegnimmst von den übrigen Erkenntnissen, wird dann die Heilkunst uns weniger heilen, die Kunst des Schuhmachers uns weniger beschuhen, die des Webers uns weniger bekleiden und die des Steuermanns uns weniger bewahren, dass wir nicht zur See, so wie die des Heerführers, dass wir nicht im Kriege umkommen ? – Um nichts weniger, sagte er. – Aber, lieber Kritias, dass alles dieses gut geschehe und zu unserm Nutzen, das werden wir eingebüßt haben, wenn jene Erkenntnis weggenommen ist. – Richtig.

Platon: Charmides. Sämtliche Werke. – Bd. 1/hrsg. v. E. Grassi. – Hamburg: Rowohlt, 1961. – S. 146 ff.

1) Charmides ist ein junger Mann, der unter Kopfschmerzen leidet. Sokrates verspricht ihm Abhilfe, wenn er sich auf ein Gespräch mit ihm einlässt. Gemeinsam suchen sie nach den Voraussetzungen für ein glückseliges Leben. Als erstes finden

sie die Besonnenheit und im Zusammenhang damit das sogenannte »Erkenntnismäßige«. Was ist damit gemeint und welche Beispiele nennt Sokrates dafür?

2) Sokrates und Charmides sind sich jedoch darin einig, dass Kenntnisse allein noch nicht glücklich machen. Welche Formulierungen brauchen die beiden für das, was noch hinzukommen muss? Können Sie dem zustimmen?

3) Stellen Sie an Beispielen den Zusammenhang von Wissen und Moral dar!

3.2 Beginn der Neuzeit

René Descartes · **Moral im Dienste der Wissenschaft**

a) Hauptregeln der Methode

Von Kindheit an habe ich wissenschaftliche Bildung genossen, und da man mir einredete, dass man sich mit Hilfe der Wissenschaften eine klare und gesicherte Kenntnis alles für das Leben Nützlichen aneignen könne, so wünschte ich sehnlich, sie zu erlernen. Doch sobald ich den ganzen Studiengang durchlaufen hatte, an dessen Ende man für gewöhnlich unter die Gelehrten aufgenommen wird, änderte ich völlig meine Meinung. Denn ich fand mich verstrickt in so viel Zweifel und Irrtümer, dass es mir schien, als hätte ich aus dem Bemühen, mich zu unterrichten, keinen anderen Nutzen gezogen, als mehr und mehr meine Unwissenheit zu entdecken. Gleichwohl befand ich mich auf einer der berühmtesten Schulen Europas, wo es doch, wie ich dachte, wenn irgendwo auf der Erde, gelehrte Männer geben musste. Ich hatte dort all das gelernt, was jeder andere dort lernte; ja, unbefriedigt von den Wissenschaften, die man uns lehrte, hatte ich alle mir in die Hände fallenden Bücher über die geheimsten und sonderbarsten Wissenschaften durchgelesen. Zudem wusste ich, wie die anderen über mich urteilten, und fand nicht, dass man mich meinen Mitschülern gegenüber für unterlegen hielt, obgleich es bereits einige unter ihnen gab, die dazu bestimmt waren, den Platz unserer Lehrer einzunehmen. Endlich schien mir un-ser Jahrhundert ebenso blühend und fruchtbar an tüchtigen Köpfen wie irgendeines der verflossenen. So nahm ich mir denn die Freiheit, von meinem Fall auf alle anderen zu schließen und anzunehmen, dass es eine Lehre von der Art, wie man sie mich früher hatte hoffen lassen, auf der Welt nicht gebe.

Ich hatte, als ich noch jünger war, in den philosophischen Disziplinen ein wenig Logik und in den mathematischen geometrische Analysis und Algebra getrieben, drei Künste oder Wissenschaften, die – wie mir schien – zu meiner Absicht einiges beitragen würden. Bei ihrer Prüfung fiel mir jedoch auf, dass – was die Logik betrifft – ihre Syllogismen und die meisten anderen ihrer Vorschriften vielmehr dazu dienen, anderen zu erklären, was man weiß, oder gar, wie die lullische Kunst, über das, was man nicht weiß, ohne Verstand zu reden, als es zu entdecken. Und wenn sie auch in der Tat eine Menge sehr wahrer und guter Vorschriften enthält, so sind doch allemal ebenso viele andere darunter gemengt, die entweder schädlich oder aber überflüssig sind, sodass es fast ebenso schwer ist, sie davon zu sondern, wie eine Diana oder Minerva aus einem noch unbehauenen Marmorblock zu schlagen. Was sodann die Analysis der Alten betrifft und die Algebra der Neueren, so ist, abgesehen davon, dass sich beide nur auf sehr abstrakte Gegenstände beziehen, die gar keinen Nutzen zu haben scheinen, die Erstere stets so an die Betrachtung von Figuren gebunden, dass sie den Verstand nicht üben kann, ohne die Einbildungskraft sehr zu ermüden – und in der Letzteren hat man sich so dem Zwang gewisser Regeln und Zeichen unterworfen, dass daraus eine verworrene und dunkle Kunst entstanden ist, die den Geist eher hemmt, und nicht eine Wissenschaft, die ihn bildet. Das war der Grund, weshalb ich dachte, man müsse eine andere Methode suchen, die, indem sie die Vorteile dieser drei in sich vereinigt, doch frei ist von ihren Mängeln.

Und so wie die Menge der Gesetze häufig als Entschuldigung für Laster dient, sodass ein Staat weit besser eingerichtet ist, wenn es in ihm nur wenige gibt, diese aber sehr genau befolgt werden, ebenso glaubte auch ich statt jener großen Zahl von Vorschriften, aus denen die Logik besteht, an den vier Folgenden genug zu haben, vorausgesetzt, ich fasste den festen und unabänderlichen Entschluss, sie nicht ein einziges Mal zu übertreten.

■ Die erste besagte, niemals eine Sache als wahr anzuerkennen, von der ich nicht evidentermaßen erkenne, dass sie wahr ist: d. h. Übereilung und Vorurteile sorgfältig zu vermeiden und über nichts zu urteilen, was sich meinem Denken nicht so klar und deutlich darstellte, dass ich keinen Anlaß hätte, daran zu zweifeln.

■ Die zweite, jedes Problem, das ich untersuchen würde, in so viele Teile zu teilen, wie es angeht und wie es nötig ist, um es leichter zu lösen.

■ Die dritte, in der gehörigen Ordnung zu denken, d. h. mit den einfachsten und am leichtesten zu durchschauenden Dingen zu beginnen, um so nach und nach, gleichsam über Stufen, bis zur Erkenntnis der zusammengesetztesten aufzusteigen, ja selbst in Dinge Ordnung zu bringen, die natürlicherweise nicht aufeinander folgen.

■ Die letzte, überall so vollständige Aufzählungen und so allgemeine Übersichten aufzustellen, dass ich versichert wäre, nichts zu vergessen.

Jene langen Ketten ganz einfacher und leichter Begründungen, die die Geometer zu gebrauchen pflegen, um ihre schwierigsten Beweise durchzuführen, erweckten in mir die Vorstellung, dass alle Dinge, die menschlicher Erkenntnis zugänglich sind, einander auf dieselbe Weise folgen und dass, vorausgesetzt, man verzichtet nur darauf, irgendetwas für wahr zu halten, was es nicht ist, und man beobachtet immer die Ordnung, die zur Ableitung der einen aus den anderen notwendig ist, nichts so fern liegen, dass man es nicht schließlich erreichte, und nichts so verborgen sein kann, dass man es nicht entdeckte.

Und ich war kaum in Verlegenheit, womit anzufangen sei, denn ich wusste bereits, es müsse mit den einfachsten und am leichtesten zu durchschauenden Dingen geschehen; bedachte ich, dass unter allen, die bisher in den Wissenschaften die Wahrheit gesucht haben, allein die Mathematiker Beweise, d. h. sichere und evidente Gründe hatten finden können, so zweifelte ich nicht, dass ihnen dies eben wegen der Einfachheit und Durchsichtigkeit der Gegenstände ihrer Untersuchungen gelungen ist.

René Descartes: Discours de la Méthode. (Von der Methode des richtigen Vernunftgebrauchs und der wissenschaftlichen Forschung)/übersetzt und hrsg. v. L. Gäbe. – 2. Teil. – Hamburg: Felix Meiner Verlag, 1960. – S. 8 f.; 26 ff.

1) Welche Erfahrungen und Erkenntnisse bringen Descartes dazu, sich eine neue wissenschaftliche Methode auszudenken?

2) Wie sieht diese Methode aus? Ist sie geeignet, zur vorherrschenden Methode der Physik, Chemie und der Biologie zu werden? Prüfen Sie diese Frage an Beispielen, die Ihnen aus dem Unterricht dieser Fächer bekannt sind.

b) Einige moralische Regeln

Endlich genügt es nicht, das Haus, in dem man wohnt, nur abzureißen, bevor man mit dem Wiederaufbau beginnt, und für Baumaterial und Architekten zu sorgen oder sich selbst in der Architektur zu üben und außerdem den Grundriss dazu sorgfältig entworfen zu haben, sondern man muss auch für ein anderes Haus vorgesorgt haben, in dem man während der Bauzeit bequem untergebracht ist. Um also in meinem Tun nicht unentschlossen zu bleiben, solange mich die Venunft nötigte, es in meinen Urteilen zu sein, und um so glücklich wie möglich weiterleben zu können, entwickelte ich mir eine Moral auf Zeit, die nur aus drei oder vier Grundsätzen bestand, die ich Ihnen gern mitteilen möchte.

■ Der erste war, den Gesetzen und Sitten meines Vaterlandes zu gehorchen, an der Religion beharrlich festzuhalten, in der ich durch Gottes Gnade seit meiner Kindheit unterrichtet worden bin, und mich in allem anderen nach den maßvollsten, jeder Übertreibung fernsten Überzeugungen zu richten, die von den Besonnensten unter denen, mit denen ich leben würde, gemeinhin in die Tat umgesetzt werden. Denn ich war ja im Begriff, meine eigenen für nichts gelten zu lassen, weil ich sie alle der Prüfung unterwerfen wollte, und war daher sicher, dass ich nichts Besseres tun könne, als den Ansichten der Besonnensten zu folgen.

■ Mein zweiter Grundsatz war, in meinen Handlungen so fest und entschlossen zu sein wie möglich und den zweifelhaftesten Ansichten, wenn ich mich einmal für die entschieden hätte, nicht weniger beharrlich zu folgen, als wären sie ganz gewiss. Hierin ahmte ich die Reisenden nach, die, wenn sie sich im Walde veirrt finden, nicht umherlaufen und sich bald in diese, bald in jene Richtung wenden, noch weniger an einer Stelle stehen bleiben, sondern so geradewegs wie möglich immer in derselben Richtung marschieren und davon nicht aus unbedeutenden Gründen abweichen sollten, obschon es vielleicht im Anfang bloß der Zufall gewesen ist, der ihre Wahl bestimmt hat; denn so werden sie, wenn sie nicht genau dahin kommen, wohin sie wollten, wenigstens am Ende irgendeine Gegend erreichen, wo sie sich wahrscheinlich besser befinden als mitten im Wald. Ebenso dulden die Handlungen im Leben häufig keinen Aufschub, und daher ist es eine ganz unbestreitbar wahre Forderung, dass wir, wenn es nicht in unserer Macht steht, die wahrsten Ansichten zu erkennen, den wahrscheinlichsten folgen sollten.

■ Mein dritter Grundsatz war, stets bemüht zu sein, eher mich selbst zu besiegen als das Schicksal, eher meine Wünsche zu ändern als die Weltordnung und überhaupt mich an den Gedanken zu gewöhnen, dass nichts völlig in unserer Macht steht außer unseren Gedanken. Haben wir also bezüglich der Dinge außer uns unser Bestes getan, so ist alles, was am Gelingen fehlt, in Hinsicht auf uns völlig unmöglich. Dies allein schien mir auszureichen, mich für die Zukunft nichts wünschen zu lassen, was ich nicht erreichte, und mich auf diese Weise zufrieden zu machen. Denn unser Wille geht in seinen Wünschen von Natur nur auf Dinge, die unser Verstand ihm auf irgendeine Weise als möglich darstellt; betrachten wir daher alle äußeren Güter als gleich weit außerhalb unserer Macht gelegen, so werden wir uns gewiß nicht stärker darüber grämen, dass uns fehlt, was wir anscheind schon sollten mit auf die Welt bekommen haben, falls wir es ohne unser Verschulden entbehren, als darüber, dass uns die Königreiche China oder Mexiko nicht gehören.

■ Endlich, um diese Moral abzuschließen, verfiel ich darauf, eine Musterung der verschiedenen Beschäftigungen zu halten, denen die Menschen in diesem Leben nachgehen, um die beste darunter auszuwählen, und glaubte (die Beschäftigungen anderer will ich übergehen), ich könne nichts Besseres tun, als mit der fortfahren, der ich bereits nachging, d.h. mein ganzes Leben darauf verwenden, meinen Verstand zu kultivieren und, soweit ich könnte, nach der

Methode, die ich mir vorgeschrieben, in der Erkenntnis fortzuschreiten.
Mir war, seit ich diese Methode zuerst in Gebrauch genommen hatte, so außerordentliche Befriedigung zuteil geworden, wie sie in diesem Leben nach meiner Überzeugung nicht wohltuender und unschuldiger sein konnte. Jeden Tag entdeckte ich mit ihrer Hilfe etwas Wahres, das mir wichtig genug und anderen gemeinhin unbekannt schien, und die Befriedigung, die mir dies gab, erfüllte mich so, dass alles andere mich nicht berührte.

Descartes, René: a. a. O. – 3. Teil. – S. 37 ff.

1) Welche Aussagen Descartes' lassen erkennen, dass die moralischen Regeln formuliert wurden, um der Wissenschaft zu dienen?
2) Moral im Dienste der Wissenschaften – erläutern Sie dieses Prinzip anhand von historischen und aktuellen Beispielen!
3) Erarbeiten Sie den Entwurf einer Gegenargumentation zu Descartes' moralischen Regeln!

3.3 Idealismus

Immanuel Kant · **Das Primat der praktischen Vernunft**

Alle Wissenschaften haben irgendeinen praktischen Teil, der aus Aufgaben besteht, dass irgendein Zweck für uns möglich sei, und aus Imperativen, wie er erreicht werden könne. Diese können daher überhaupt Imperative der *Geschicklichkeit* heißen. Ob der Zweck vernünftig und gut sei, davon ist hier gar nicht die [Rede], sondern nur was man tun müsse, um ihn zu erreichen. Die Vorschriften für den Arzt, um seinen Mann auf gründliche Art gesund zu machen, und für einen Giftmischer, um ihn sicher zu töten, sind insofern von gleichem Wert, als eine jede dazu dient, ihre Absicht vollkommen zu bewirken. Weil man in der frühen Jugend nicht weiß, welche Zwecke uns im Leben aufstoßen dürfen, so suchen Eltern vornehmlich ihre Kinder recht vielerlei lernen zu lassen und sorgen für die Geschicklichkeit im Gebrauch der Mittel zu allerlei *beliebigen* Zwecken, von deren keinem sie bestimmen können, ob er nicht etwa wirklich künftig eine Absicht ihres Zöglings werden könne, wovon es indessen doch möglich ist, dass er sie einmal haben möchte, und diese Sorgfalt ist so groß, dass sie darüber gemeiniglich verabsäumen, ihnen das Urteil über den Wert der Dinge, die sie sich etwa zu Zwecken machen möchten, zu bilden und zu berichtigen.

Nun kann man die Geschicklichkeit in der Wahl der Mittel zu seinem eigenen größten Wohlsein *Klugheit* im engsten Verstande nennen. Also ist der Imperativ, der sich auf die Wahl der Mittel zur eigenen Glückseligkeit bezieht, d. i. die Vorschrift der Klugheit, noch immer *hypothetisch*; die Handlung wird nicht schlechthin, sondern nur als Mittel zu einer anderen Absicht geboten.
Endlich gibt es einen Imperativ, der, ohne irgendeine andere durch ein gewisses Verhalten zu erreichende Absicht als Bedingung zum Grunde zu legen, dieses Verhalten unmittelbar gebietet. Dieser Imperativ ist *kategorisch*. Er betrifft nicht die Materie der Handlung und das, was aus ihr erfolgen soll, sondern die Form und das Prinzip, woraus sie selbst folgt, und das Wesentlich-Gute derselben besteht in der Gesinnung, der Erfolg mag sein, welcher er wolle. Dieser Imperativ mag der der *Sittlichkeit* heißen.
Das Wollen nach diesen dreierlei Prinzipien wird auch durch die Ungleichheit der Nötigung des Willens deutlich unterschieden. Um diese nun auch merklich zu machen, glaube ich, dass man sie in ihrer Ordnung am angemessensten so benennen würde, wenn man sagte: sie

Francisco de Goya: Der Schlaf der Vernunft gebiert Ungeheuer, 1797/98

wären entweder *Regeln* der Geschicklichkeit, oder *Ratschläge* der Klugheit, oder *Gebote* (Gesetze) der Sittlichkeit. Denn nur das Gesetz führt den Begriff einer *unbedingten* und zwar objektiven und mithin allgemein gültigen *Notwendigkeit* bei sich, und Gebote sind Gesetze, denen gehorcht, d. i. auch wider Neigung Folge geleistet werden muss. Die *Ratgebung* enthält zwar Notwendigkeit, die aber bloß unter subjektiver zufälliger Bedingung, ob dieser oder jener Mensch dieses oder jenes zu seiner Glückseligkeit zähle, gelten kann; dagegen der kategorische Imperativ durch keine Bedingung eingeschränkt wird, und als absolut-, obgleich praktisch-notwendig ganz eigentlich ein Gebot heißen kann. Man könnte die ersten Imperativen auch *technisch* (zur Kunst gehörig), die zweiten *pragmatisch* (zur Wohlfahrt), die dritten *moralisch* (zum freien Verhalten überhaupt, d. i. zu den Sitten gehörig) nennen.

Kant, Immanuel: Grundlegung zur Metaphysik der Sitten. – Hamburg: Verlag Felix Meiner, 1965. – S. 35 ff.

1) Welche Imperative unterscheidet Kant und welches sind ihre jeweiligen Funktionen?
2) In Kants Reflexion 7200 heißt es: Die Imperativi der Sittlichkeit enthalten die einschränkenden Bedingungen aller Imperativen der Klugheit (XIX274). Wie wird die vorherrschende Rolle der Imperative der Sittlichkeit in der Grundlegung deutlich?

Norbert Hinske · **Kant als Herausforderung an die Gegenwart**

Geschicklichkeit, Klugheit und Weisheit als unterschiedliche Qualifikationen menschlichen Handelns

Vor allem in Kants Vorlesungen spielt eine solche Differenzierung des Praxisbegriffs eine nicht unwichtige Rolle. Die erhaltenen Nachschriften, so unvollkommen sie auch sein mögen, zeigen deutlich, wie sich Kant in seinen Vorlesungen immer wieder bemüht hat, drei grundsätzlich verschiedene Qualifikationen, die das Handeln des Einzelnen bestimmen können, herauszuarbeiten und gegeneinander abzugrenzen. Jede dieser drei Qualifikationen gründet dabei für Kant, das sei vorangeschickt, in der Gewinnung bestimmter, eigenständiger Richtlinien des Handelns. »Es gibt dreierlei Arten von Lehren, die alle zu unserer Vollkommenheit beitragen. Die eine Art macht uns geschickt, die andere klug, die dritte weise.« »Zum Geschicktwerden«, so fährt Kant bei der Erläuterung dieser Dreiteilung fort, »dienen alle Wissenschaften der Schule.« Diejenige »Anweisung« dagegen, »die uns klug macht, ist die Anweisung zum Praktischen, wie wir von unserer Geschicklichkeit Gebrauch machen sollen«. »Die höchste Stufe der Weisheit ist der Geist der Vollkommenheit, aber sie wird selten erreicht.«

»Meine Glückseligkeit«, so erklärt Kant an der gleichen Stelle, »ist nicht gesichert, wenn sie auf Regeln der Geschicklichkeit« – bzw. der Klugheit als der »Geschicklichkeit in der Wahl der Mittel zu seinem eigenen größten Wohlsein« – »gebauet ist. Bei unserer Glückseligkeit kommt uns immer der Gedanke ein, ob wir auch ihrer würdig seien«. Die Sicherung, nach der hier gesucht wird, meint offenkundig etwas anderes als irgendeine äußere Absicherung durch ›technische‹ oder ›pragmatische‹ Maßnahmen. Sie hat ihren Platz im Inneren des Menschen. Sie macht eine tiefer liegende Problematik sichtbar, die der Streit zwischen ›Technokraten‹ und ›Pragmatikern‹ noch gar nicht erreicht. Sie rührt an die Ursprünge von so etwas wie Moral und Moralphilosophie überhaupt. Glück und Erfolg allein, dahin geht wohl der bei Kant zugrunde liegende Gedanke, scheinen die Dimensionen menschlicher Existenz nicht auszufüllen. Sie fassen zu kurz, sie sind keine zureichende Sicherung, wenn es darum geht, dass der Mensch vor sich selbst bestehen kann. Sie lassen ein Defizit offen, eine »Leere« (A 393), wie Kant es in seiner Idee zu einer allgemeinen Geschichte in weltbürgerlicher Absicht formuliert, die nur auf einer höheren Ebene des Handelns ausgefüllt zu werden vermag. Das Handeln des bloßen Taktikers oder Pragmatikers scheitert letztlich nicht an irgendwelchen – möglicherweise ja vermeidbaren – Misserfolgen, sondern daran, dass es nicht imstande ist, den vollen Sinn menschlichen Handelns abzudecken. Der Mensch findet im bloß pragmatischen Handeln, auch wenn es mit Erfolg gekrönt ist, auf die Dauer nicht seine Identität. Das aber bedeutet, konsequent zu Ende gedacht, zugleich: Die technische, die pragmatische und die moralische Qualifikation des Menschen stehen in Wahrheit nicht gleich gültig nebeneinander. Es gibt vielmehr einen Primat des Moralischen, der dem Handelnden im Vollzug seines Handelns bewusst wird und der im Konfliktfall den Ausschlag zu geben hat. Eben deshalb gilt, was Kant in der Reflexion 7200 notierte: »Die imperativi der Sittlichkeit enthalten die einschränkenden Bedingungen aller imperativen der Klugheit« (XIX 274).

Die Stellung der Geschichtsphilosophie im Ganzen der praktischen Philosophie

Die Geschichte der Menschheit bewegt sich für Kant ja gewissermaßen auf drei ganz verschiedenen Ebenen: der Ebene der Kultur, der Ebene der Zivilisation und der Ebene der Moral. Dass Kant dabei die beiden Begriffe ›Kultur‹ und ›Zivilisation‹, der Sprache des 18. Jahrhunderts folgend, in genauer Umkehrung ihrer heutigen Bedeutung gebraucht, sei, um Missverständnisse zu verhüten, am Rande vermerkt. Die geschichtliche Situation seiner Zeit ist für Kant durch das Zurückbleiben der Moral hinter dem bereits erreichten Stand der Kultur und der Zivilisation bestimmt, der Sinn der Geschichte aber zielt für ihn auf eine Verschmelzung jener drei Ebenen in ihrer höchsten dem Menschen möglichen Vollendung. So heißt es in Kants erster geschichtsphilosophischer Abhandlung, der Idee zu einer allgemeinen Geschichte in weltbürgerlicher Absicht des Jahres 1784: »Wir sind im hohen Grade durch Kunst und Wissenschaft kultiviert. Wir sind zivilisiert, bis zum Überlästigen, zu allerlei gesellschaftlicher Artigkeit und Anständigkeit. Aber, uns für schon moralisiert zu halten, daran fehlt noch sehr viel. Denn die Idee der Moralität« – als bloße Idee, gleichsam als bloßes Kulturgut betrachtet – »gehört noch zur Kultur«; derjenige »Gebrauch dieser Idee aber, welcher nur auf das Sittenähnliche in der ... äußeren Anständigkeit hinausläuft, macht bloß die Zivilisierung aus. So lange aber Staaten alle ihre Kräfte auf ihre eiteln und gewaltsamen Erweiterungsabsichten verwenden, und so die langsame Bemühung der inneren Bildung der Denkungsart ihrer Bürger unaufhörlich hemmen, ihnen selbst auch alle Unterstützung in dieser Absicht entziehen, ist nichts von dieser Art [= den Menschen] zu erwarten; weil dazu eine lange innere Bearbeitung jedes gemeinen Wesens zur Bildung seiner Bürger erfordert wird. Alles Gute aber, das nicht auf moralisch-gute Gesinnung gepfropft ist, ist nichts als lauter Schein und schimmerndes Elend« (A 402 f.).

Hinske, Norbert: Kant als Herausforderung an die Gegenwart. – Freiburg; München: Verlag Karl Alber, 1980. – S. 94 ff.

1) Wie verhalten sich nach Hinske die drei kantischen Qualifikationen – die technische, die pragmatische und die moralische – zueinander?

2) Der Autor zeigt, dass nach Kant »Erfolg« und »Glück« eine »Leere« ließen, wenn die Moral nicht hinzukomme. Vergleichen Sie diese Aussage mit dem bei Platon dargestellten Zusammenhang von Wissen und Moral. Stellen Sie Gemeinsamkeiten und Unterschiede heraus.

3) In seiner Geschichtsphilosophie behauptet Kant, dass die Moral in seiner Zeit erheblich hinter den Errungenschaften der Kultur und Zivilisation zurückgeblieben sei. Beurteilen Sie nach Kantschen Prinzipien die gegenwärtige Entwicklung von Wissenschaft, Technik und Moral an einem selbstgewählten Beispiel!

3.4 Utilitarismus

Jeremy Bentham · **Über das Prinzip der Nützlichkeit**

1. Die Natur hat die Menschheit unter die Herrschaft zweier souveräner Gebieter – *Leid und Freude* – gestellt. Es ist an ihnen allein aufzuzeigen, was wir tun sollen, wie auch zu bestimmen, was wir tun werden. Sowohl der Maßstab für Richtig und Falsch als auch die Kette der Ursachen und Wirkungen sind an ihrem Thron festgemacht. Sie beherrschen uns in allem, was wir tun, was wir sagen, was wir denken: jegliche Anstrengung, die wir auf uns nehmen können, um unser Joch von uns zu schütteln, wird lediglich dazu dienen, es zu beweisen und zu bestätigen. Jemand mag zwar mit Worten vorgeben, ihre Herrschaft zu leugnen, aber in Wirklichkeit wird er ihnen ständig unterworfen bleiben. Das *Prinzip der Nützlichkeit* erkennt dieses Joch an und übernimmt es für die Grundlegung jenes Systems, dessen Ziel es ist, das Gebäude der Glückseligkeit durch Vernunft und Recht zu errichten. Systeme, die es in Frage zu stellen versuchen, geben sich mit Lauten anstatt mit Sinn, mit einer Laune anstatt mit der Vernunft, mit Dunkelheit anstatt mit Licht ab.
Doch genug des bildlichen und pathetischen Sprechens: Durch solche Mittel kann die Wissenschaft der Moral nicht verbessert werden.

2. Das Prinzip der Nützlichkeit ist die Grundlage des vorliegenden Werkes; es wird daher zweckmäßig sein, mit einer ausdrücklichen und bestimmten Erklärung dessen zu beginnen, was mit ihm gemeint ist. Unter dem Prinzip der Nützlichkeit ist jenes Prinzip zu verstehen, das schlechthin jede Handlung in dem Maß billigt oder missbilligt, wie ihr die Tendenz innezuwohnen scheint, das Glück der Gruppe, deren Interesse in Frage steht, zu vermehren oder zu vermindern, oder – das Gleiche mit anderen Worten gesagt – dieses Glück zu befördern oder zu verhindern. Ich sagte: schlechthin jede Handlung, also nicht nur jede Handlung einer Privatperson, sondern auch jede Maßnahme der Regierung.

3. Unter Nützlichkeit ist jene Eigenschaft an einem Objekt zu verstehen, durch die es dazu neigt, Gewinn, Vorteil, Freude, Gutes oder Glück hervorzubringen (dies alles läuft im vorliegenden Fall auf das Gleiche hinaus) oder (was ebenfalls auf das Gleiche hinausläuft) die Gruppe, deren Interesse erwogen wird, vor Unheil, Leid, Bösem oder Unglück zu bewahren; sofern es sich bei dieser Gruppe um die Gemeinschaft im Allgemeinen handelt, geht es um das Glück der Gemeinschaft; sofern es sich um ein bestimmtes Individuum handelt, geht es um das Glück dieses Individuums.

Wie der Wert einer Menge an Freude oder Leid gemessen werden kann

1. Freuden und das Vermeiden von Leiden sind also die *Ziele*, die der Gesetzgeber im Auge hat; ihm obliegt es somit, ihren *Wert* zu erkennen. Freuden und Leiden sind die *Instrumente*, mit denen er umzugehen hat; es obliegt ihm somit, ihre Macht zu erkennen, die wiederum unter einem anderen Gesichtspunkt ihr Wert ist.

2. Wenn man einen Menschen *für sich* betrachtet, so ist für ihn der Wert einer Freude oder eines Leids – wenn man ihn *für sich* betrachtet – gemäß den vier folgenden Umständen größer oder geringer, nämlich gemäß:
a) der *Intensität*,
b) der *Dauer*,
c) der *Gewissheit* oder *Ungewissheit*,
d) der *Nähe* oder *Ferne* einer Freude oder eines Leids.

3. Diese Umstände müssen in Betracht gezogen werden, wenn man eine Freude oder ein Leid jeweils für sich beurteilt. Wenn man aber den Wert einer Freude oder eines Leids betrachtet, um die Tendenz einer *Handlung* zu beurteilen, durch die Freude oder Leid hervorgebracht wird, müssen zwei weitere Umstände berücksichtigt werden, nämlich
e) die *Folgenträchtigkeit* der Freude oder des Leids oder die Wahrscheinlichkeit, dass auf sie Empfindungen von derselben Art folgen, das heißt Freuden, wenn es sich um eine Freude handelt; Leiden, wenn es sich um ein Leid handelt;
f) die *Reinheit* der Freude oder des Leids oder die Wahrscheinlichkeit, dass auf sie *nicht* Empfindungen von *entgegengesetzter* Art folgen, dass heißt Leiden, wenn es sich um eine Freude handelt; Freuden, wenn es sich um ein Leid handelt.
Diese beiden letzten Umstände kann man jedoch streng genommen kaum für Eigenschaften von Freude oder Leid selbst halten; streng genommen dürfen sie daher nicht zur Bestimmung des Werts dieser Freude oder jenes Leids herangezogen werden. Man darf sie streng genommen nur für Eigenschaften der Handlung oder eines sonstigen Ereignisses halten, durch die solche Freude oder solches Leid hervorgebracht worden ist, und entsprechend dürfen sie nur zur Bestimmung der Tendenz einer solchen Handlung oder eines solchen Ereignisses herangezogen werden.

4. Für eine Anzahl von Personen wird der Wert einer Freude oder eines Leids, sofern man sie im Hinblick auf jede von ihnen betrachtet, gemäß sieben Umständen größer oder kleiner sein: das sind die sechs vorigen, nämlich
a) die *Intensität*,
b) die *Dauer*,
c) die Gewissheit oder *Ungewissheit*,
d) die *Nähe* oder *Ferne*,
e) die *Folgenträchtigkeit*,
f) die *Reinheit* einer Freude oder eines Leids.
Hinzu kommt ein weiterer Umstand, nämlich
g) das Ausmaß, das heißt die Anzahl der Personen, auf die Freude oder Leid sich erstrecken oder (mit anderen Worten) die davon betroffen sind.

5. Wenn man also die allgemeine Tendenz einer Handlung, durch die die Interessen einer Gemeinschaft betroffen sind, genau bestimmen will, verfahre man folgendermaßen. Man beginne mit einer der Personen, deren Interessen am unmittelbarsten durch eine derartige Handlung betroffen zu sein scheinen, und bestimme:
a) den Wert jeder erkennbaren *Freude*, die von der Handlung in *erster Linie* hervorgebracht zu sein scheint;
b) den Wert jeden *Leids*, das von ihr in *erster* Linie hervorgebracht zu sein scheint;
c) den Wert jeder Freude, die von ihr in *zweiter* Linie hervorgebracht zu sein scheint. Dies begründet die *Folgenträchtigkeit* der ersten *Freude* und die *Unreinheit* des ersten *Leids*;
d) den Wert jeden *Leids*, das von ihr in zweiter Linie anscheinend hervorgebracht wird. Dies begründet die *Folgenträchtigkeit* des ersten *Leids* und die *Unreinheit* der ersten *Freude*.
e) Man addiere die Werte aller *Freuden* auf der einen und die aller *Leiden* auf der anderen Seite. Wenn die Seite der Freude überwiegt, ist die Tendenz der Handlung im Hinblick auf die Interessen dieser *einzelnen* Personen insgesamt *gut*; überwiegt die Seite des Leids, ist ihre Tendenz insgesamt *schlecht*.

f) Man bestimme die *Anzahl* der Personen, deren Interessen anscheinend betroffen sind, und wiederhole das oben genannte Verfahren im Hinblick auf jede von ihnen. Man *addiere* die Zahlen, die den Grad der *guten* Tendenz ausdrücken, die die Handlung hat – und zwar in Bezug auf jedes Individuum, für das die Tendenz insgesamt *gut* ist; das gleiche tue man in Bezug auf jedes Individuum, für das die Tendenz insgesamt *schlecht* ist. Man ziehe die *Bilanz*; befindet sich das Übergewicht auf der Seite der *Freude*, so ergibt sich daraus für die betroffene Gesamtzahl oder Gemeinschaft von Individuen eine allgemein *gute* Tendenz der Handlung; befindet es sich auf der Seite des *Leids*, ergibt sich daraus für die gleiche Gemeinschaft eine allgemein *schlechte* Tendenz.

6. Es kann nicht erwartet werden, dass dieses Verfahren vor jedem moralischen Urteil und vor jeder gesetzgebenden oder richterlichen Tätigkeit streng durchgeführt werden sollte. Es mag jedoch immer im Blick sein, und je mehr sich das bei solchen Anlässen tatsächlich durchgeführte Verfahren diesem annähert, desto mehr wird sich ein solches Verfahren dem Rang eines exakten Verfahrens annähern.

7. Das gleiche Verfahren lässt sich ebenso auf Freude und Leid anwenden, ganz gleich in welcher Gestalt sie auftreten und durch welche Namen man sie voneinander unterscheidet: auf Freude, ob sie nun *Gutes* genannt wird (das eigentlich die Ursache oder das Instrument der Freude ist), *Gewinn* (der entfernte Freude oder die Ursache oder das Instrument entfernter Freude ist), *Annehmlichkeit* oder *Vorteil, Wohltat, Vergütung, Glück* und so fort; auf Leid, ob es nun *Schlechtes* genannt wird (was dem Guten entspricht), *Unheil, Unannehmlichkeit, Nachteil, Verlust* oder *Unglück* und so fort.

8. Auch ist dies keine neue und ungerechtfertigte oder gar nutzlose Theorie. In all dem ist nichts anderes enthalten als das, dem die Handlungsweise der Menschen, wo immer sie sich über ihr Interesse im Klaren sind, vollkommen entspricht. Wodurch ist ein Stück Eigentum, zum Beispiel der Besitz eines Grundstücks wertvoll? Durch die Freuden aller Art, die es bei einem Menschen bewirkt, und – was auf das Gleiche hinausläuft – durch die Leiden aller Art, vor denen es ihn bewahrt. Doch der Wert eines solchen Stückes Eigentum steigt oder fällt nach allgemeiner Auffassung entsprechend der Länge oder Kürze der Zeit, die jemand mit ihm zubringt, entsprechend der Gewissheit oder Ungewissheit darüber, ob es in seinen Besitz gelangt, und entsprechend der Nähe oder Ferne des Zeitpunkts, an dem es – wenn überhaupt – in seinen Besitz gelangt. Was die Intensität der Freuden anbelangt, die jemand aus ihm gewinnen kann, so denkt man nie daran, weil sie von dem Gebrauch abhängt, den jede einzelne Person von ihm machen kann; sie kann nicht beurteilt werden, bevor nicht die besonderen Freuden, die man aus ihm gewinnen kann, oder die besonderen Leiden, die man mit seiner Hilfe ausschließen kann, in den Blick gekommen sind. Aus dem gleichen Grund denkt man auch nicht an die Folgeträchtigkeit oder Reinheit dieser Freuden.

Bentham, Jeremy: Eine Einführung in die Prinzipien der Moral und Gesetzgebung. – In: Otfried Höffe, Einführung in die utilitaristische Ethik. – Tübingen: A. Francke Verlag, 1992. – S. 55 ff.

1) Was ist mit dem Prinzip der Nützlichkeit im Sinne der Utilitaristen gemeint?
2) Wie kann der Wert einer Menge an Freude oder Leid nach Bentham gemessen werden?
3) Wie bewerten Sie den Utilitarismus als Lebensprinzip?
4) Vergleichen Sie Kants kategorischen Imperativ mit Benthams Prinzip der Nützlichkeit. Welche Auffassung würden Sie vorziehen? Begründen Sie Ihren Standpunkt!

4 Ethische Positionen im 20. Jahrhundert

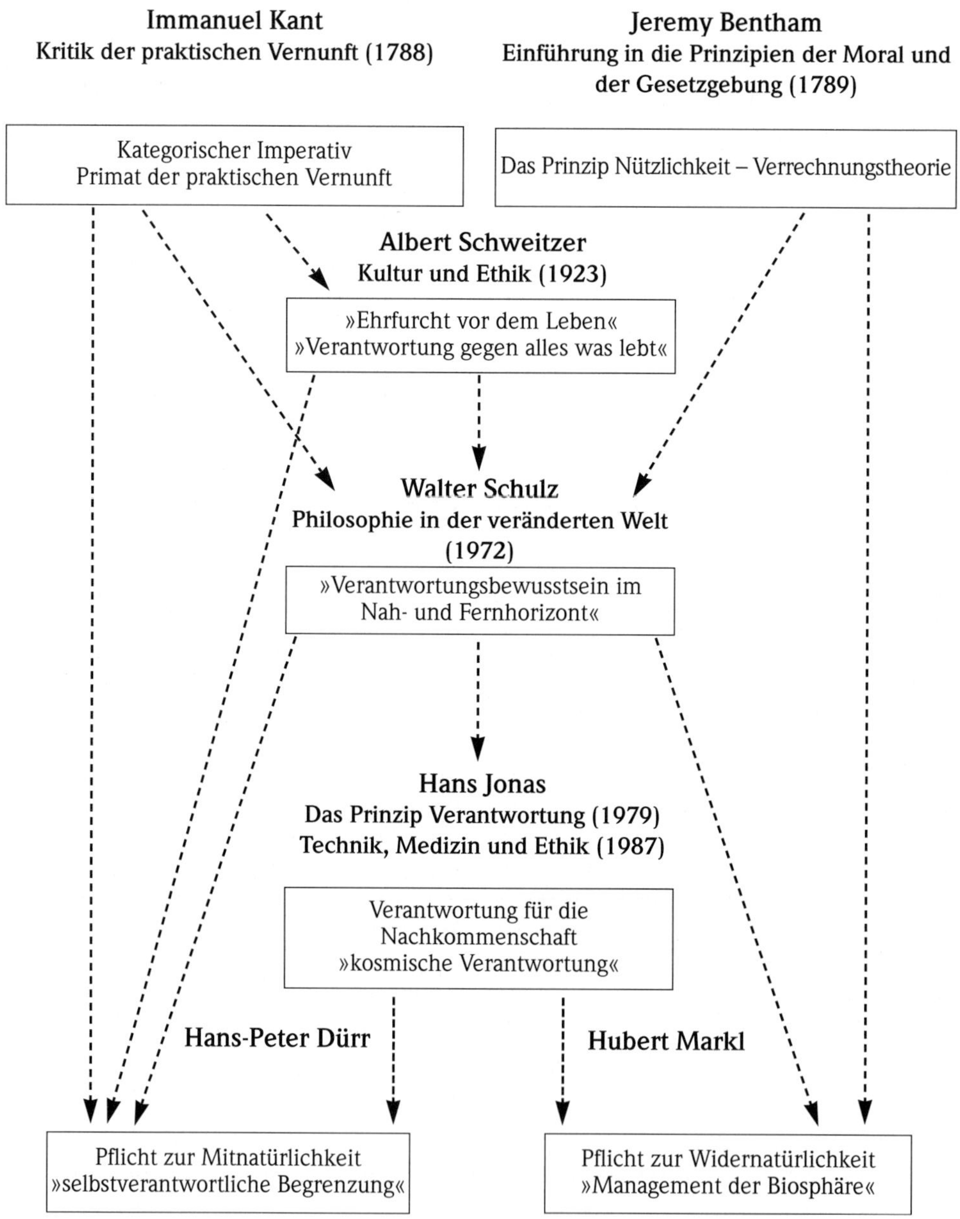

Diese Übersicht möchte Bezüge der nachfolgenden Texte ebenso verdeutlichen wie die Entwicklung einer sich erweiternden Ethik im 20. Jahrhundert.

Angelika Fritsch

4.1 Ehrfurcht vor dem Leben
Albert Schweitzer · »Verantwortung gegen alles was lebt«

Von meiner frühesten Jugend an fühlte ich mich genötigt, Mitleid mit den Tieren zu haben. Das Aufkommen der Bewegung des Tierschutzes, das in meiner Jugend stattfand, machte mir einen großen Eindruck. Endlich wagten es Menschen, in der Öffentlichkeit aufzutreten und zu verkündigen, dass das Mitleid mit den Tieren etwas Natürliches sei, das zur wahren Menschlichkeit gehöre, und dass man sich dieser Erkenntnis nicht verschließen dürfe. Ich hatte den Eindruck, dass ein neues Licht in dem Dunkel der Ideen aufgegangen sei und stetig zunehmen werde.

So beschloss ich, in einer eingehenden Studie über den geistigen Zustand der Zeit, in der ich lebe, kritisch zu berichten. Das Werk sollte den Titel »Kultur und Ethik« führen. Da ich aber den Eindruck hatte, dass wir uns in einer Periode des geistigen Niedergangs befanden, war ich versucht, es »Wir Epigonen« zu benennen.

Im Frühjahr 1913 fuhr ich mit meiner Frau, nachdem ich das Studium der Medizin vollendet hatte, nach Französisch-Äquatorialafrika, um auf der 1872 von der amerikanischen Presbyterianer Missionsgesellschaft in Lambarene gegründeten Missionsstation ein Spital zu gründen. Durch elsässische Missionare, die in jener Gegend tätig waren, hatte ich erfahren, dass man dort eines Arztes dringend bedürfe. Es war die Zeit des Kampfes gegen die Schlafkrankheit, die in Äquatorialafrika furchtbare Verheerungen anrichtete.

Im September 1915 bekam ich dort Nachricht, dass auf der Missionsstation N'Gômô die Frau des Schweizer Missionars Pelot erkrankt war und man mein Kommen erwartete.

Nun musste ich also auf dem Ogowefluß 200 Kilometer stromaufwärts fahren. Als einzige alsbaldige Fahrgelegenheit fand ich einen gerade im Abfahren begriffenen kleinen, alten Dampfer, der zwei überladene, große Kähne zu schleppen hatte. Ich saß auf einem der Schleppkähne. Ich hatte mir vorgenommen, mich auf dieser Fahrt ganz in das Problem des Aufkommens einer Kultur, die größere ethische Tiefe und Energie besäße als die unsere, versunken zu bleiben. Blatt um Blatt beschrieb ich mit unzusammenhängenden Sätzen, nur um auf das Problem konzentriert zu bleiben. Müdigkeit und Ratlosigkeit lähmten mein Denken.

Am Abend des dritten Tages, als wir uns beim Sonnenuntergang in der Nähe des Dorfes Igendja befanden, mussten wir an einer Insel in dem über einen Kilometer breiten Fluss entlang fahren. Auf einer Sandbank, zur linken, wanderten vier Nilpferde mit ihren Jungen in derselben Richtung wie wir. Da kam ich, in meiner großen Müdigkeit und Verzagtheit plötzlich auf das Wort »Ehrfurcht vor dem Leben«, das ich, so viel ich weiß, nie gehört und nie gelesen hatte. Alsbald begriff ich, dass es die Lösung des Problems, mit dem ich mich abquälte, in sich trug. Es ging mir auf, dass die Ethik, die nur mit unserem Verhältnis zu den andern Menschen zu tun hat, unvollständig ist und darum nicht die völlige Energie besitzen kann.

Hier ging ich dann daran, das Werk über Kultur und Ethik zu skizzieren. Der Plan war einfach. In dem ersten Teil hatte ich einen Überblick über die Ansichten von Kultur und der Ethik, wie sie bei den bedeutenden Denkern der Vergangenheit und der Gegenwart zu finden waren, zu geben.

In dem zweiten hatte ich mich mit dem Wesen der Ethik, der Ehrfurcht vor dem Leben und mit ihrer Bedeutung für die Kultur zu beschäftigen.

Die fundamentale Tatsache des Bewusstseins des Menschen lautet: »Ich bin Leben, das leben will, inmitten von Leben, das leben will.« Der denkend gewordene Mensch erlebt die Nötigung, allem Willen zum Leben die gleiche Ehrfurcht vor dem Leben entgegenzubringen, wie dem seinen. Er erlebt das andere Leben in dem seinen. Als gut gilt ihm, Leben erhalten, Leben fördern, entwickelbares Leben auf seinen höchsten Wert bringen. Als böse: Leben vernichten, Leben schädigen, entwickelbares Leben niederhalten. Dies ist das denknotwendige, universelle, absolute Grundprinzip des Ethischen.

Die bisherige Ethik ist unvollkommen, weil sie es nur mit dem Verhalten der Menschen zum Menschen zu tun zu haben glaubte. In Wirklichkeit aber handelt es sich darum, wie der Mensch sich zu allem Leben, in seinem Bereich befindlichen Leben, verhält. Ethisch ist er nur, wenn ihm das Leben als solches heilig ist, das der Menschen und das aller Kreatur.

Nur die Ethik des Erlebens der ins Grenzenlose erweiterten Verantwortung gegen alles, was lebt, lässt sich im Denken begründen. Die Ethik des Verhaltens von Mensch zu Mensch ist nicht etwas für sich, sondern etwas, das sich aus jenem Allgemeinen ergibt. Die Ehrfurcht vor dem Leben, zu der wir Menschen gelangen müssen, begreift also alles in sich, was als Liebe, Hingebung, Mitleiden, Mitfreude, Mitstreben in Betracht kommen kann. Wir müssen uns von dem gedankenlosen Dahinleben frei machen.

Nur das Denken, in dem die Gesinnung der Ehrfurcht vor dem Leben zur Macht kommt, ist fähig, die Zeit des Friedens in unserer Welt anbrechen zu lassen. Alle diplomatische äußerliche Bemühung um den Frieden bleibt erfolglos.

Eine neue Renaissance muss kommen, viel größer als die, in der wir aus dem Mittelalter herausschritten: die große Renaissance, in der die Menschheit dazu gelangt, von dem armseligen Wirklichkeitssinn, in dem sie dahinlebt, zur Gesinnung der Ehrfurcht vor dem Leben fortzuschreiten. Nur durch die wahrhaft ethische Kultur wird unser Leben sinnvoll, nur durch sie kann der Mensch davor bewahrt werden, in sinnlosen, grausigen Kriegen zugrunde zu gehen. Sie allein kann den Friedenszustand in der Welt anbrechen lassen.

Schweitzer, Albert: Die Ehrfurcht vor dem Leben. – München: Verlag C.H.Beck. – S. 13 ff.

1) Was veranlasste Albert Schweitzer, die Ethik seiner Zeit kritisch zu sehen?

2) Welche Umstände führten dazu, ihn die Formel »Ehrfurcht vor dem Leben« finden zu lassen?

3) Was bedeutet für Albert Schweitzer die Ehrfurcht vor dem Leben und was ist das Neue dieser Ethik im Vergleich zu früheren Ansätzen?

4.2 *Das Prinzip Verantwortung*

Walter Schulz · **Verantwortung im Nah- und Fernhorizont**

Die politische Überlegung und Entscheidung ist heute in hohem Maße »unfestgelegt«. Der Politiker muss sich nicht nur auf Nahziele, sondern auch auf Fernziele einstellen. Natürlich gibt es nach wie vor die Aufgaben des politischen Alltags in relativ überschaubaren Bezirken. Aber es geht nicht mehr an, hier eine eindeutige Abgrenzung zu finden, weil die wirklich relevante Politik heute wesentlich Weltpolitik geworden ist. …

Zwischen politischen und ethischen Fernzielen besteht weithin Gemeinsamkeit. Man braucht ja nur einen Katalog der politischen Fernziele aufzustellen, um zu sehen, dass es sich hier um Ausformungen der ethischen Grundmaxime handelt, dass es darauf ankomme, das größte Glück der größten Zahl herzustellen. Die Konstitution der Menschheit als eines Geschichtssubjektes und die in diese Richtung abzielenden gemeinsamen Aktionen zeigen, dass es hier um Dinge geht, die zu beachten im Interesse jeder Nation liegt. Ihre Verwirklichung gelingt jedoch nur, wenn die nationale Souveränität eingeschränkt wird.

Ein Hinweis auf den ökologischen Bereich möge diesen Sachverhalt verdeutlichen, denn die Ökologie ist ein gutes Beispiel für die Problematik der Fernziele. Jedermann weiß, aufgeschreckt durch die zum Teil apokalyptisch anmutenden Beschreibungen der durch die rücksichtslose Ausbeutung der Natur zu Stande gekommenen Umweltgefahren, um die Notwendigkeit, »dass hier etwas geschehen müsse«. Aber man schiebt das Problem in den Hintergrund. Die Industrie hat zudem kein Interesse, ihre Produktionen einzuschränken und erklärt, die Technik würde schon mögliche Gefahren meistern. Die Situation ist aber, wie die Ökologen aufzeigen, äußerst bedenklich. Wirkliche Abhilfe kann hier nur geleistet werden, wenn man sich der allgemeinen Verantwortung für die Zukunft bewusst wird, das heißt, sich klar macht, dass es hier um die Frage der Existenz der Menschheit überhaupt geht. Konkrete Maßnahmen aber – und hier wird der politische Faktor sichtbar – erfordern die organisierte Zusammenarbeit der Nationen. …

Aber hier melden die Politiker weithin Bedenken an. Sie erklären, dass diese Ziele an sich richtig seien, dass die Frage ihrer Realisierung jedoch außerordentlich schwierig sei. Hier spiele nicht nur für die einzelne Nation das Problem der Finanzierung eine Rolle; auch die Zusammenarbeit im Weltmaßstab, die an sich erfordert sei, um diese Probleme wirklich zu bewältigen, sei kaum zu verwirklichen.

Bedenkt man die gegenwärtige Situation im Ganzen, so sieht man, dass die Tendenz besteht, die Fernziele als nicht so vordringlich oder gar als unrealisierbar auszugeben. Dieser Tendenz entgegenzutreten ist eine wesentliche Aufgabe der politischen Ethik. Es wäre sicher verkehrt, wenn sich die politische Ethik in einem allgemeinen moralischen Appell erschöpfte, das heißt, wenn sie sich damit begnügte, die Realpolitiker immer wieder auf die »letzten Aufgaben« hinzuweisen beziehungsweise sie zu tadeln, wenn sie die Beachtung dieser Aufgaben versäumen. Die politische Ethik muss, wenn sie zeitgemäß ist, auch ins politische Detail eingehen. Faktisch bleibt aber jeder Ethik, auch der politischen Ethik, immer die Aufgabe des mahnenden Appells auferlegt. Vernunft ist für uns nicht mehr – wir stellten es wiederholt heraus – ein metaphysischer Begriff. Das besagt: Vernunft ist kein übersinnliches Vermögen, das fehlerfrei wirkt, weil es ein eindeutiges System darstellt. Vernunft ist für uns Denken vom Allgemeinen her und auf das Allgemeine hin. Das Allgemeine ist nicht gegeben, sondern aufgegeben. Das bedeutet für den Einzelnen, dass er, wenn er sich dem Allgemeinen zu unterstellen entschlossen hat, gegen seinen ursprünglichen Egoismus und den in diesem gründenden Hang zur Aggression angehen muss im Willen zum Guten als der übergreifenden Ordnung. Ein wesentlicher Beitrag der Ethik zur Politik besteht primär im Vorausdenken auf mögliche Ordnungen hin. In diesem Vorausdenken liegt – um es noch einmal zu sagen – ein gewisser Überschwang der Ethik über das reale politische Tun. Man könnte von hier aus schematisierend behaupten, der Ethiker habe überhaupt die Aufgabe, von oben, das heißt von den allgemeinen Fernzielen her, zu argumentieren, während der reale Politiker wohl mehr im Konkreten, das heißt bei der Bewältigung der Nahziele, tätig sein müsse. Wir sagten aber bereits schon, dass eine solche schematisierende Aufteilung gefahrvoll sei, insofern sie zu einer künstlichen und isolierenden Rollenverteilung führen könne. Der Ethiker würde, legte man ihn solchermaßen auf allgemeine Fernziele fest, von vornherein als unreal abgestempelt. Solchen Einteilungen gegenüber gilt es zu betonen, dass die eigentliche Aufgabe für den Politiker und den Ethiker der Übergang vom Ganzen zum Teil und vom Teil zum Ganzen ist. …

Die ethische Einstellung … versteht sich eben nicht von selbst. Auf sie hin muss erzogen werden, und dies gelingt eben nur durch das Erlernen des Verantwortungsbewusstseins.

Hier aber zeigt sich ein Unterschied zwischen dem Verhalten im Nah- und im Fernhorizont. Die Verantwortung im alltäglichen Umgang mit dem Nächsten, das heißt die Verantwortung im Nahhorizont, spielt sich, wie wir sehen, auch heute noch weithin auf der Grundlage der Gegenseitigkeit ab. Verantwortung ist hier wesentlich Antwortverhalten, und dieses wird primär im und durch den Umgang selbst erlernt. Natürlich ist auch hier der eigene Einsatz wesentlich, aber doch nicht in dem Maße, wie es bei der Verantwortung im Fernhorizont der Fall ist. Hier ist es erfordert, dass ich mich selbst allererst »aufrufe«, das heißt, hier muss ich mich selbst als aktiven Teilnehmer ins Spiel bringen. Ich werde hier ja nicht wie im Alltag durch andere Personen, denen gegenüber ich mich zu verantworten habe, zum Antwortverhalten unmittelbar genötigt.

Im Fernhorizont wird Verantwortung, eben weil der unmittelbare Personenbezug nicht relevant ist, so scheint es, unbestimmt und vage und dennoch oder gerade darum so außerordentlich belastend und bedrückend. Man redet von der Verantwortung vor der Geschichte. Die Geschichte wird zur Instanz, der gegenüber ich Rechenschaft abzulegen habe. Aber zugleich bin ich ja für die Geschichte verantwortlich: ich muss für ihren Verlauf einstehen. Das Geschehen im Großen lässt sich nicht zur Seite schieben, denn die Gestaltung des Lebens im Nahhorizont hängt wesentlich vom Weltgeschehen ab. Man kann der Verantwortung vor der Geschichte und für die Geschichte also gar nicht entrinnen. Ebenso wahr ist es jedoch, dass wir der Geschichte nicht Herr werden, weil wir nie wissen, in »welche Richtung das Ganze geht«. Diese Einsicht nicht zu verdrängen und dennoch sich für das Geschehen verantwortlich zu wissen, dies ist wohl die schwerste Aufgabe, die einer politischen Ethik auferlegt ist.

Schulz, Walter: Philosophie in der veränderten Welt. – Pfullingen: Verlag Günther Neske, 1972. – S. 214 ff.

1) Was versteht Schulz unter den Begriffen »Nahziel« und »Fernziel«?

2) Welche Gemeinsamkeiten sieht der Autor zwischen Sokrates und den Intellektuellen, die sich der Ökologie verschrieben haben?

3) Wie definiert Schulz die Vernunft? Erläutern Sie diese Definition an den Aufgaben des Politikers und des Ethikers, wie sie in diesem Abschnitt diskutiert werden.

4) Der Autor behauptet, man könne der »Verantwortung vor der Geschichte und für die Geschichte« gar nicht entrinnen. Versuchen Sie, diese Aussage zu erläutern.

Hans Jonas · Kosmische Verantwortung

Globale Ausmaße in Raum und Zeit

Das Ausmaß und der Wirkungsbereich der modernen technischen Praxis als ganzer und in jedem ihrer einzelnen Unternehmungen sind so, dass sie eine ganze zusätzliche und neuartige Dimension in den Rahmen ethischer Rechenwerte einbringen, die allen früheren Handlungsarten unbekannt war. Wir sprachen zuvor von einer Situation, in der »jeder Gebrauch einer Fähigkeit im großen« einen Richtungssinn sich steigernder und schließlich schlechter Wirkungen mit sich führt. Wir müssen jetzt hinzufügen, dass heute jede Anwendung einer technischen Fähigkeit durch die Gesellschaft (der Einzelne zählt hier nicht mehr) dazu neigt, ins »Große« zu wachsen. Die moderne Technik ist zuinnerst auf Großgebrauch angelegt und wird darin vielleicht zu groß für die Größe der Bühne, auf der sie sich abspielt – die Erde – und für das Wohl der Akteure selbst – die Menschen. So viel ist gewiss: Sie und ihre Werke breiten sich über den Erdball aus; ihre kumulativen Wirkungen erstrecken sich möglicherweise über zahllose künftige Geschlechter. Mit dem, was wir hier und jetzt tun, und meist mit Blick auf uns selbst, beeinflussen wir massiv das Leben von Millionen andernorts und künftig, die hierbei keine Stimme hatten. Wir legen Hypotheken auf künftiges Leben für gegenwärtige kurzfristige Vorteile und Bedürfnisse – und was das betrifft, für meist selbst erzeugte Bedürfnisse. Vielleicht können wir nicht ganz vermeiden, so oder ähnlich zu handeln. Aber wenn das der Fall ist, dann müssen wir äußerste Achtsamkeit aufwenden, dies in Fairness zu unserer Nachkommenschaft zu tun – nämlich so, dass deren Chance, mit jener Hypothek fertig zu werden, nicht im Voraus kompromittiert worden ist. Der springende Punkt hier ist, dass das Eindringen ferner, zukünftiger und globaler Dimensionen in unsere alltäglichen, weltlich-praktischen Entscheidungen ein ethisches Novum ist, das die Technik uns aufgeladen hat; und die ethische Kategorie, die vorzüglich durch diese neue Tatsache auf den Plan gerufen wird, heißt: Verantwortung. Dass diese wie nie zuvor in den Mittelpunkt der ethischen Bühne rückt, eröffnet ein neues Kapitel in der Geschichte der Ethik, das die neuen Größenordnungen der Macht spiegelt, denen die Ethik von nun an Rechnung tragen muss. Die Anforderungen an die Verantwortlichkeit wachsen proportional zu den Taten der Macht.

Durchbrechung der Anthropozentrik

Indem sie den Horizont raumzeitlicher Nachbarschaft überschreitet, bricht jene erweiterte Reichweite der menschlichen Macht das anthropozentrische Monopol der meisten früheren ethischen Systeme, seien diese nun religiös oder säkular. Immer war es das menschliche Gut, das gefördert werden sollte, die Interessen und Rechte von Mitmenschen, die zu respektieren waren, ihnen geschehenes Unrecht, das gutzumachen war, ihre Leiden, die gelindert werden sollten. Gegenstand menschlicher Pflicht waren Menschen, äußerstenfalls: die Menschheit, und sonst nichts auf dieser Erde. (Gewöhnlich war der ethische Horizont viel enger gezogen, wie etwa in »Liebe deinen Nächsten«.) Nichts von dem verliert seine bindende Kraft. Aber jetzt beansprucht die gesamte Biosphäre des Planeten mit all ihrer Fülle von Arten, in ihrer neu enthüllten Verletzlichkeit gegenüber den exzessiven Eingriffen des Menschen, ihren Anteil an der Achtung, die allem gebührt, das seinen Zweck in sich selbst trägt – d. h. allem Lebendigen. Das Alleinrecht des Menschen auf menschliche Rücksicht und sittliche Beachtung ist genau mit seinem Gewinn einer fast monopolitischen Macht über alles andere Leben durchbrochen worden. Als eine planetarische Macht ersten Ranges darf er nicht mehr nur an sich selbst denken. Zwar drückt das Gebot, unseren Nachkommen kein verödetes Erbteil zu hinterlassen, diese Erweiterung des ethischen Blickfeldes immer noch im Sinne einer menschlichen Pflicht gegenüber Menschen aus – als Einschärfung einer interhumanen Solidarität des Überlebens und des Nutzens, der Neugier, des Genießens und Erstaunens. Denn verarmtes außermenschliches Leben, verarmte Natur, bedeutet auch ein verarmtes menschliches Leben. Aber recht verstanden reicht die Einbeziehung der Existenz der Fülle als solcher in das menschliche Getue und damit der Einschluss ihrer Erhaltung in des Menschen Pflicht über den nutzorientierten und jeden anthropozentrischen Blickpunkt hinaus. Die erweiterte Sicht verbündet das menschliche Getue mit der Sache des Lebens im Ganzen, anstatt jenes diesem feindlich gegenüberzustellen, und gewährt dem außermenschlichen Leben sein eigenes Recht. Seine Anerkennung bedeutet, dass jede willkürliche und unnötige Auslöschung von Arten an sich schon zum Verbrechen wird, ganz abgesehen von den gleichlautenden Ratschlägen des verständigen Selbstinteresses; und es wird zur transzendenten Pflicht des Menschen, die am wenigsten wiederherstellbare, unersetzbarste aller »Ressourcen« zu schützen – den unglaublich reichen Genpool, der von Äonen der Evolution hinterlegt worden ist. Es ist das Übermaß an Macht, das dem Menschen diese Pflicht auferlegt; und gerade gegen diese Macht – also gegen ihn selbst – ist sein Schutz erforderlich. So kommt es, dass die Technik, dies kühl pragmatische Werk menschlicher List, den Menschen in eine Rolle einsetzt, die nur die Religion ihm manchmal zugesprochen hatte: die eines Verwalters oder Wächters der Schöpfung. Indem die Technik seine Wirkungsgewalt bis zu dem Punkte vergrößert, wo sie fühlbar gefährlich wird für den Gesamthaushalt der Dinge, dehnt sie des Menschen Verantwortung auf die Zukunft des Lebens auf Erden aus, das nunmehr wehrlos dem Missbrauch dieser Gewalt ausgesetzt ist.

Deutscher Fernmeldesatellit Kopernikus im Weltraum

Die menschliche Verantwortung wird damit zum erstenmal kosmisch (denn wir wissen nicht, ob das Weltall sonst noch ein Gleiches hervorgebracht hat). Die beginnende Umweltethik, die wahrhaft präzedenzlos sich unter uns regt, ist der noch zögernde Ausdruck dieser präzedenzlosen Ausdehnung unserer Verantwortung, die ihrerseits der präzedenzlosen Ausdehnung der Reichweite unserer Taten entspricht. Es bedurfte der sichtbar werdenden Bedrohung des Ganzen, der tatsächlichen Anfänge seiner Zerstörung, um uns dazu zu bringen, unsere Solidarität mit ihm zu entdecken (oder wiederzuentdecken): ein beschämender Gedanke.

Jonas, Hans: Technik, Medizin und Ethik. Zur Praxis des Prinzips Verantwortung. – Frankfurt a. M.: Suhrkamp, 1987. – S. 45 ff.

1) Welche Merkmale moderner Technologie hebt Jonas hervor?
2) Welche Konsequenzen für die Zukunft sieht er?
3) Was versteht der Autor unter »Durchbrechung der Anthropozentrik«?
4) Jonas fordert die »Ausdehnung unserer Verantwortung« ins Kosmische. Inwieweit ist der Mensch Ihrer Meinung nach dazu fähig?

4.3 Anthropozentrismus oder Biozentrismus?

Hubert Markl · **Pflicht zur Widernatürlichkeit**

D. Wiesmüller

Auch heute noch, bald 150 Jahre nach Darwins ernüchterndem Blick auf die Naturgeschichte, sind wir weit davon entfernt, dass alle die Tragweite seiner Erkenntnisse verstehen, geschweige denn akzeptieren. Man spricht von der zweiten Entthronung oder gar Demütigung des Menschen – nach jener der Zerstörung des geozentrischen Weltbildes durch die kopernikanische Revolution.

Der Mensch steht nun nicht mehr als höchstes Ziel der Schöpfung an der Spitze der Lebewesen. Er steht vielmehr als ein Seitenzweig der Evolution mitten in der Naturgeschichte, auf sich selbst gestellt, seiner gottgegebenen Privilegien beraubt.

Für uns als eines der Geschöpfe der Natur wie andere sollte nichts, was wir tun, unnatürlich sein. Aber dann gelten für unsere Spezies eben auch nur die Regeln der Natur, die immer neue Lebensformen gebiert, indem sie ebenso unaufhörlich und ungerührt über Leichen geht – die Leichen der vermutlich Milliarden Spezies, die in den mehr als drei Milliarden Jahren der Lebensexistenz auf dieser Erde unter das sich vorwärts wälzende Rad der Evolution geraten sind.

Wenn wir dies nicht gleichmütig hinnehmen wollen, wenn wir also dafür sorgen wollen, dass unsere Spezies noch möglichst lange überleben kann, dann sind wir gezwungen, aus Eigeninteresse oder aus sittlicher Verantwortung für das Wohlergehen künftiger Generationen, gerade unsere Natürlichkeit aufzugeben und uns ganz bewusst anders zu verhalten, als es naturgegebenen Antrieben entspräche.

Was folgt aus dieser biologisch-evolutionären

Betrachtung der bisherigen Menschheitsgeschichte? Wenn wir Selbstverpflichtung zur Humanität, zur Menschenliebe, als unsere Aufgabe und unsere Verantwortung erkennen und annehmen, dann folgt daraus, dass wir die Pflicht zu einer Moral der Widernatürlichkeit akzeptieren müssen.

Nicht der Übergang von Natur- zu Kulturevolution – markant gekennzeichnet durch den Übergang vom Jäger- und Sammlerdasein zur Nahrungsproduktion durch Landwirtschaft – wäre dann der tiefe Einschnitt in der Evolution des Lebens, sondern der uns und unseren Nachkommen bevorstehende Schritt zur selbstverantwortlichen Kontrolle unserer Vermehrung und zum »Management der Biosphäre«.

Da es weder für die außermenschliche Natur noch für die Menschheit eine auch nur annähernd erstrebenswerte Zunkunft geben kann, wenn die Menschheitsvermehrung bis zur kurzfristigen Tragekapazität der Erde fortschritte, ist es der wichtigste Auftrag des Menschen, seine Reproduktion zu zügeln, das heißt, sie bis zur Ersatzvermehrung (oder gar darunter) zu begrenzen.

Ein Zweites folgt nicht weniger zwingend. Der Mensch lebt von der Biomasse, die Mikroben, Pflanzen und Tiere ihm liefern. Für bald zehn oder gar zwölf Milliarden Menschen wird unsere Spezies künftig wohl bis zur Hälfte der gesamten Netto-Biomasse der Erde beanspruchen. Um diese produzieren und somit selbst überleben zu können, sind wir gezwungen, uns aller Mittel ertragreicher und zugleich nachhaltiger Landbewirtschaftung zu bedienen.

In der Vergangenheit diente dazu die Auswahl ertragreicher und schädlingsunempfindlicher Organismenarten aus dem Sortiment, das die Zufälle von Mutation und sexueller Neukombination uns lieferten. In neuer Zeit wurde dies durch immer drastischere Schädlingsbekämpfung unterstützt.

Ich bin absolut überzeugt davon, dass wir künftig gezwungen sein werden, auch mit den Methoden gentechnischer Sortenveränderung dafür zu sorgen, dass die Menschheit genügend nutzbare und schädlingsresistente Organismen verfügbar hat. Bei zehn Milliarden Menschen kann man dazu nur sagen: Alternativen – keine. Dass dabei die Schöpfung manipuliert wird, ist richtig. Dass dies notwendig und sittlich geradezu geboten ist, um eben diese Schöpfung vor völliger Zerstörung zu retten, ist jedoch ebenfalls richtig.

Zehn oder zwölf Milliarden Menschen benötigen darüber hinaus nicht minder gewaltige Stoffströme zur Erzeugung aller Güter ihres täglichen Bedarfs, vor allem ununterbrochen strömende Energiequellen. Wir wissen, wie weit wir noch davon entfernt sind. Weitgehendes Schließen der Stoffkreisläufe, Nutzung regenerativer Energiequellen, Steigerung der Energienutzungseffizienz und Senkung des spezifischen Energieumsatzes in Produktion und Konsum sind die bekannten Stichworte. Geben wir uns keinen Täuschungen hin: Dies wird die Ressourcen dieser Erde bis an die Grenzen des Erträglichen beanspruchen, bis es – wer weiß wann – gelungen sein wird, den Übervölkerungszustand der Erde auf eine unbegrenzt verträgliche Zahl, die vielleicht eher bei einer Milliarde Menschen liegen könnte, zurückzuführen.

Dies bringt mich zum dritten Aspekt einer künftigen Natur unter Menschenhand. Es stellt sich nämlich die Frage, wie viel an außer- oder nebenmenschlicher Natur – sozusagen »Natur in Reinkultur« – neben einer bis an die Grenzen mit Menschen angefüllten und von Menschen genutzten Natur noch Platz und Überlebenschancen haben wird.

In weiten Bereichen der Erde, in denen der Mensch den größten Teil der Fläche für sich beansprucht, werden durch Biotopbelastung, -verkleinerung und -zerstörung gewaltige Verluste an Biodiversität zu verzeichnen sein. So sind zum Beispiel in der Bundesrepublik nur etwa 1,7 Prozent der Landesfläche als Naturschutzgebiete ausgewiesen und nur etwa 3,5 Prozent als Biosphärenreservate, in denen Naturschutzgebiete mit naturverträglich

genutzten Kulturflächen zusammengefasst werden.
Diese selbstverantwortliche Abwendung vom altevolutionären Rattenrennen der Arten lässt sich als ein ganz neues Kapitel des Evolutionsprozesses verstehen, in dem die Natur, die den menschlichen Geist dazu in Stand setzte, die eigenen Existenzbedingungen zu durchschauen, zu einer neuen Stufe der Entfaltung fortschreitet. Man muss sich jedoch bewusst machen, dass man sich für das Verständnis der Bedingungen und Regeln dieser neuen Stufe natürlicher Evolution nicht auf die Bedingungen und Regeln, die bisher in ihr galten, beziehen darf.
Vielmehr: Diese Natur wird etwas anderes sein als jene der vorangegangenen Erdzeitalter, eine vom Menschen beherrschte, vom Menschen zu gestaltende und zu bewahrende, eine vom Menschen zu verantwortende Natur, mit einem Wort: eine Natur unter Menschenhand.

Der Spiegel 48/1995. – a. a. O. – S. 206 f.

1) Was versteht Markl unter Widernatürlichkeit? Wie begründet er die Pflicht zur Widernatürlichkeit?
2) Welche Aufgaben fallen nach seiner Ansicht dem Menschen zu?
3) Wie beurteilen Sie Markls Auffassung von der Rolle des Menschen?

Hans-Peter Dürr · **Pflicht zur Mitnatürlichkeit**

Mit der Autorität eines Professors für Biologie und des designierten Präsidenten der Max-Planck-Gesellschaft fordert Markl in seinem SPIEGEL-Essay eine neue »Pflicht zur Widernatürlichkeit« ein. Er sieht die sittliche Notwendigkeit einer globalen Biokratie, einer »Natur unter Menschenhand«. Auf dem Weg dorthin, kündigt er an, seien »wir künftig gezwungen, auch mit den Methoden gentechnischer Sortenveränderung« zu arbeiten.
Die »biologisch-evolutionären« Ausführungen, mit denen er diesen neuen moralischen Imperativ begründet, müssen für einen außerhalb der Naturwissenschaften Stehenden den Anschein wissenschaftlichen Wahrheitsanspruchs erwecken. Dem muss unmissverständlich entgegnet werden.
Wie Markl so appelliere auch ich an die »Selbstverpflichtung zur Humanität, zur Menschenliebe« und, darüber hinaus, zur Achtung vor der übrigen Kreatur. Markls Forderung nach einer »Pflicht zur Widernatürlichkeit« jedoch setze ich in aller Entschiedenheit das »Postulat einer empatischen Koevolution mit der Natur«, die »Pflicht zur Mitnatürlichkeit«, entgegen.
Die Wurzel einer grundsätzlichen Verwirrung in der Argumentation von Markl scheint mir in seinem Gebrauch des Begriffes »Natur« zu liegen und in dem, was demnach als »natürlich« und »widernatürlich« zu gelten habe.
Als Physiker habe ich keine Schwierigkeiten, wie der Biologe Markl, den Menschen als einen Zweig der biologischen Evolution »mitten in der Naturgeschichte« zu betrachten. Ob es sich beim Menschen dabei freilich um einen irgendwann notwendig endenden Seitenzweig handelt, wie Markl suggeriert, oder um einen Haupttrieb, der vielleicht noch langfristig zukunftsfähig ist, sollten wir vorerst als unentschieden betrachten. Denn dies hängt gerade von der Antwort auf die uns bewegende Frage ab, ob wir als Spezies Mensch die uns bevorstehenden Bewährungsproben erfolgreich werden bestehen können.
Ich folge Markl sogar noch weiter: Unter einer geeigneten Verallgemeinerung des Naturbegriffs lässt sich durchaus die Kulturgeschichte des Menschen als seine Naturgeschichte deuten. Damit wäre alles, was wir Menschen machen und bewirken, in diesem Sinne »natürlich«, also auch unsere Technik, auch wenn wir Felder mit Pestiziden vergiften, uns über alle Maßen ver-

mehren und rücksichtslos die Ökosphäre zu unseren Gunsten plündern. Aber das bedeutet nicht, dass dies alles auch vernünftig ist.
Um das komplexe natürliche Regelwerk, in das wir existenziell eingebunden sind, vor Zerstörung zu bewahren, ist die selbstverantwortliche Begrenzung aller (quantitativen) Wachstumsprozesse dringend geboten. Für die Erfüllung dieser notwendigen Aufgabe nun aber, wie Herr Markl, ernsthaft ein »Management der Biosphäre« zu fordern, also den bewussten, planerischen Eingriff des offensichtlich nur ganz begrenzt verständigen Menschen in ebendieses hochkomplexe, sich selbst organisierende Beziehungsspiel der Natur zu verlangen, dies heißt, den Teufel mit dem Beelzebub austreiben zu wollen.
An dieser Stelle wird Unvernünftiges gefordert. Zwar mögen seine besonderen Fähigkeiten den Menschen für eine gewisse Vormachtstellung im Beziehungsgeflecht des Lebendigen prädestinieren. Er hat Bewusstsein, Verstand und Vernunft. Es ist jedoch weniger der wertfreie, zerlegende, analytische Verstand, sondern vielmehr die wertende Vernunft, die uns eine allgemeine Orientierung in den Zeitläufen und eine angemessene Auswahl möglichen Handelns erlaubt.
Die Vernunft findet ihren Ausdruck in den historisch gewachsenen Formen von Ethik und Moral. Sie lehrt uns, mehr als der am kurzfristigen Handeln geschulte Verstand, was langfristig Bestand hat. Diese Vernunft könnte und sollte die entscheidende – und dem Menschen angemessene – Gegenkraft darstellen, um die Destabilisierung der menschlichen Population aufzuhalten und, wie Markl es formuliert, die »Reproduktion bis zur Ersatzvermehrung (oder gar darunter) zu begrenzen«.
Eine vom Menschen beherrschte, vom Menschen zu gestaltende und zu bewahrende, eine vom Menschen zu verantwortende Natur soll nach Markl die einzig mögliche Rettung unseres belebten Planeten vor seiner Zerstörung sein. Einer Zerstörung wohlgemerkt, die vom Menschen selbst, besser: dem »Manager« der nördlichen Hemisphäre, verursacht worden ist und weiter betrieben wird. Welch eine Anmaßung spricht aus einer solchen Proklamation. Und dies aus der Mitte Europas, auf dem Hintergrund der letzten 150 Jahre Industriegeschichte:

- unermessliche Zerstörungen von natürlichen (physischen und biologischen) Ressourcen mit wachsender Beteiligung von Wissenschaft und Technik, deren bisherige Höchstleistung die Atombombe darstellt;
- unseren Verstand überschreitende industrielle Vernichtungsorgien von Menschen, von sozialen Strukturen und unersetzlichen Werten durch zwei von den Industriestaaten, insbesondere Deutschland, angezettelten Weltkriegen;
- ein Wachstumsglaube, der die Umwelt fälschlicherweise nicht als natürliche, beschränkt robuste Lebensgrundlage, sondern als einen, dem Menschen zugeeigneten, unendlich ergiebigen Steinbruch und als beliebig schluckfähige Müllkippe betrachtet.

Ausgerechnet die ökonomischen, sozialen und wissenschaftlichen Eliten, die für die Fehlentwicklungen verantwortlich waren und sind, sollen in Zukunft die Biosphäre managen? Eine Biosphäre, von deren wundervollem Funktionieren wir nicht einmal ein Pikoprozent wirklich kennen? Ja, mehr noch, von dem uns – in Kenntnis der durch die moderne Physik ausgewiesenen prinzipiellen Grenzen des Wissbaren – auch in Zukunft wohl vieles auf immer verborgen bleiben wird. Da wird doch wahrlich die Katze zur Hüterin der Mäuse gemacht.
Der so forsch daherkommende und sich fundamentalistisch gebärdende wissenschaftlich-industrielle Komplex will nun darüber hinaus auch noch ein ganz neues Instrument für die globalen Managementaufgaben anbieten: die Gentechnik. Auch hier gebraucht Markl die erschreckende Sprache des Unmaßes: »Dass dabei die Schöpfung manipuliert wird, ist richtig. Dass dies notwendig und sittlich geradezu geboten ist, um eben diese Schöpfung vor völliger Zerstörung zu retten, ist jedoch ebenfalls richtig«.

Und die dunkle Ahnung trügt nicht, dass in dieses globale Biosphären-Management auch ein Großteil der Menschheit einbezogen werden soll: So nebenbei erwähnt Markl eine Milliarde Menschen als mögliche Obergrenze, um die ökologische Tragfähigkeit der Erde langfristig nicht zu überfordern. Diese Zahl mag für den verschwenderischen Lebensstil eines US-Amerikaners vielleicht eine gute Abschätzung sein. Anstatt jedoch eine solche Zahl zu nennen, die ganz zufällig auch der heutigen Bevölkerung des reichen Nordens entspricht, wäre es wohl besser und humaner, neue menschenwürdige und freudvolle Lebensstile zu beschreiben und anzupeilen. Sie können allen sechs Milliarden heute lebenden Menschen, bei einer gerechteren Verteilung der irdischen Güter und Früchte, eine Zukunft auf diesem Planeten erlauben. Gerade die Wissenschaftler sollten vorsichtiger und bescheidener bei Versuchen sein, ihre Einsicht in die Zusammenhänge von Natur und Kultur so großzügig mit allgemeinen und gar noch gesellschaftspolitischen Ansprüchen zu verbinden. Und dies nicht nur wegen der erwiesenen Janusköpfigkeit der Wissenschaften, sondern auch wegen des Gebots zur intellektuellen Redlichkeit. Kein Physiker, kein Biologe, Ökonom oder Chemiker ist mehr Experte für das Politische als alle übrigen nachdenklichen Staatsbürger.

Der Spiegel 5/1996. – a. a. O. – S. 154 f.

1) Mit welchen Argumenten wendet sich Dürr gegen Markls Konzept einer »Pflicht zur Widernatürlichkeit«?
2) Was verbindet der Verfasser mit den Begriffen »Verstand« einerseits und »Vernunft« andererseits?
3) Welchem der beiden Argumentationsgänge können Sie sich anschließen? Begründen Sie Ihre Entscheidung!

5 Verantwortung – Dimensionen und ihre Träger

Vladimir Renčin

5.1 Der Begriff Verantwortung

Monika Sänger · **Ein mehrstellig relationaler Begriff**

Betrachtet man die Entwicklung der Ethik im ausgehenden 20. Jh., so tritt neben die traditionellen ethischen Begriffe wie Pflicht, Freiheit usw. zunehmend die *Verantwortung* als neue Kategorie in den Vordergrund. Der in der Geschichte der Ethik nicht gerade geläufige Begriff ist uns eher bekannt als »Zurechnung« (imputatio) und gehört traditionell in den rechtlich-politischen Bereich. In einem geordneten Rechtsverfahren muss sich ein Angeklagter *für* eine Tat *vor* einem Gericht *gemäß* den Normen eines Gesetzes verantworten. Verantwortung ist daher eine *Bezugskategorie,* ein mehrstellig relationaler Begriff, für den stets folgende Grundrelation gilt:

Jemand ist für **jemanden/etwas** vor **jemandem** verantwortlich

Jemand ist	für **jemanden/etwas**	vor **jemandem** verantwortlich
↓	↓	↓
Verantwortungssubjekt	Verantwortungsbereich	Verantwortungsinstanz
Träger	Bezugspunkt	Legitimation
↓	↓	↓
Mündigkeit	Handlungsmacht	Gott
Zurechnungsfähigkeit als Individuum/ Kollektiv	Handlungsfolgen für vergangene/zukünftige Taten	Ich Gesellschaft Menschheit Natur

Verantwortungsarten

Individuelle Verantwortung Kollektive Verantwortung Mitverantwortung	Kausalhandlungs-Verantwortung Sorge-Für-Verantwortung Seinsverantwortung	religiöse Verantwortung moralische Verantwortung rechtliche Verantwortung

Verantwortung verweist zunächst auf den *Träger* der Verantwortung, den die traditionelle Ethik in einem autonomen, sich selbst bestimmenden moralischen Subjekt notwendig voraussetzt. Ebenso grundlegend ist für sie ein moralisches Bewusstsein, welches normsetzend und damit im Sinne der Selbstgesetzgebung moralischen Grundsätzen verpflichtet ist. Der besondere Charakter der Verantwortung ergibt sich aber erst aus dem *Bereich,* also daraus, wofür man verantwortlich ist: für die beabsichtigten und unbeabsichtigten Folgen der Handlung, die ganz konkret zunächst die anderen Menschen betreffen. Verantwortlich ist man für das, was im Bereich möglicher Einwirkung steht.

Im 20. Jh., das gekennzeichnet ist durch die radikal veränderte Stellung des Menschen in der Welt und seine zunehmende technisch-wissenschaftliche Verfügungsmacht über die nichtmenschliche und neuerdings auch die menschliche Natur, scheint aber diese Einschränkung der Verantwortung auf primäre Handlungsfolgen nicht mehr zulässig. Während sich früher noch der Verantwortungsbereich auf das bezog, was in stärkerem oder schwächerem Maße von dem Handelnden abhing, führt heute jede neue wissenschaftliche Entdeckung und technische Erfindung und Entwicklung zu einem immensen Zuwachs an Handlungsmacht und damit zu einer Ausweitung des Verantwortungsbereichs. Daher fordern vor allem Hans Jonas und Hans Lenk eine Verantwortungsart, die über die traditionelle *Kausalhandlungsverantwortung* hinausgeht: eine neue, zukunftsbezogene Seinsverantwortung, eine *Sorge-Für-Verantwortung.* Während die traditionelle Verantwortung aus der Zurechnung vergangener Taten sich ergab, besteht diese neue Art in einer »Verantwortung für Zu-Tuendes«. Sie stellt keine ex-post-facto-Rechnung auf, sondern entwirft einen »substanziellen, zweckverpflichteten Begriff der Verantwortung«.

Hans Lenk versteht Verantwortung als mehrstelligen Relationsbegriff, der mindestens sechs Bezugsgrößen hat. Er beschreibt fünf Verantwortungsarten und zeigt an ihnen die komplexen Ebenen der Verantwortung heute auf. Entscheidend ist dabei die Abgrenzung einer eher beruflich bedingten Rollen- und Aufgabenverantwortung von einer *universalmoralischen Verantwortung,* die sich an allgemeinen Werten wie Humanität, Menschenwürde, Fortbestand und Qualität des Lebens ausrichtet. Als »übergeordnete, bedeutungslogisch höherstufige moralische Verantwortung« kann sie sowohl rein individuell verstanden werden als auch distributiv mitzutragende Verantwortung sein. Diese ist proportional zur Handlungsbeteiligung als jeweilige individuelle Mitverantwortlichkeit nach der Intensität der Handlungsbeteiligung, der Eingriffs- und Kontrollmöglichkeiten gestaffelt. Damit ist das Handlungssubjekt in gewisser Hinsicht entlastet; die Gesamtverantwortung verschwindet aber nicht mit der Trägerzahl, sondern kann als jeweilige Mitverantwortung, z. B. bei

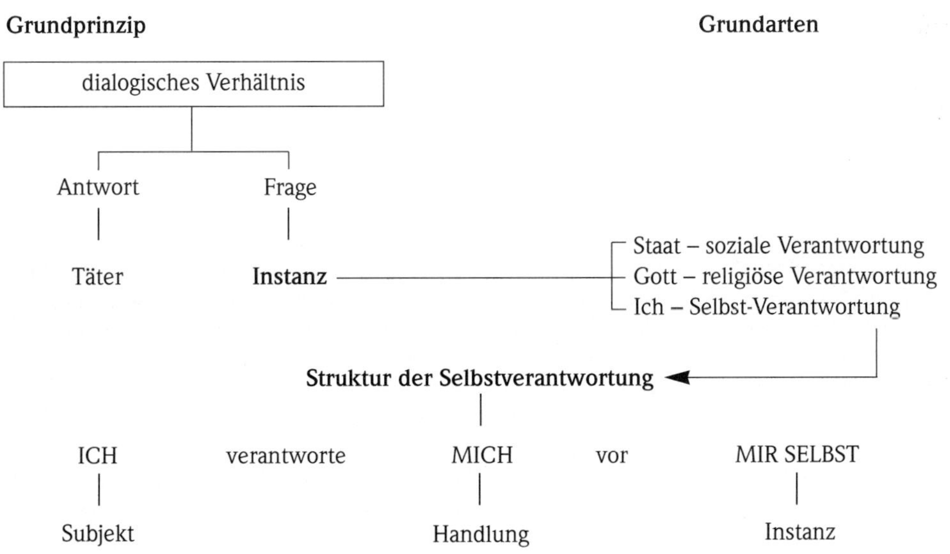

Großprojekten oder Teamarbeit, feststellbar und persönlich zurechenbar sein. Diese Konzeption der *Mitverantwortung* als persönlicher moralischer Verantwortung, die von jedem Einzelnen mitgetragen werden muss, erweitert die gängigen Verantwortungsmodelle entscheidend.

Auch aus der inhaltlichen Bestimmung der *Verantwortungsinstanz* lassen sich verschiedene Verantwortungsarten ableiten. Ausgehend von einer Wesensbestimmung der Verantwortung, die er im *dialogischen Verhältnis* von Frage-Antwort sieht, unterscheidet *Wilhelm Weischedel* eine *soziale Verantwortung* im Dialog des Menschen mit anderen Menschen, eine *religiöse Verantwortung* im dialogischen Verhältnis zu Gott und eine *Selbstverantwortung* in einem inneren Monolog mit sich selbst; Letztere ist der Grund aller anderen Formen der Verantwortung.

Während für den mittelalterlichen Menschen noch feststand, dass er sich letztlich ausschließlich vor *Gott* zu verantworten habe, so tritt im Zuge der Säkularisierung an die Stelle Gottes das innerweltliche, vernunftbestimmte *Subjekt,* das dann in der Neuzeit ausgeweitet wird zur Gesamtheit aller vernünftigen Wesen unter der Idee der *Menschheit.* Diese letzte Instanz wird heute vielfach gedacht unter Einschluss zukünftig lebender Generationen; ihnen wird, wie neuerdings auch in allem Lebendigen und der außermenschlichen Natur, ein eigenständiger Wert zugestanden.

Monika Sänger: Kurswissen praktische Philosophie/ Ethik. Grundpositionen der normativen Ethik. – Stuttgart; Dresden: Ernst Klett Verlag für Wissen und Bildung, 1994. – S. 164 ff.

1) Zeigen Sie an einem Beispiel, dass »Verantwortung« ein mehrstellig relationaler Begriff ist. Berücksichtigen Sie dabei das Subjekt, den Bereich und die Substanz.
2) Erläutern Sie an Beispielen den Unterschied zwischen »Kausalhandlungsverantwortung« und »Sorge-Für-Verantwortung«.
3) Erläutern Sie an einem Beispiel Hans Lenks Konzeption der »Mitverantwortung«.
4) Wilhelm Weischedel unterscheidet gemäß dem dialogischen Prinzip drei Arten der Verantwortung. Erläutern Sie dies an Beispielen.

5.2 Verantwortung des Wissenschaftlers

Werner Heisenberg · **Über die Verantwortung des Forschers**

Die Gefangenschaft führte mich nach einigen kürzeren Zwischenaufenthalten in Heidelberg, Paris und Belgien schließlich für längere Zeit auf dem Landsitz Farm-Hall mit einigen alten Freunden und jüngeren Mitarbeitern des »Uranvereins« zusammen. Zu ihnen gehörten Otto Hahn, Max von Laue, Walter Gerlach, Carl Friedrich v. Weizsäcker, Karl Wirtz. Der Gutshof Farm-Hall liegt am Rande des Dorfes Godmanchester, nur etwa 25 Meilen von der alten Universitätsstadt Cambridge in England entfernt.

Am Nachmittag des 6. August 1945 kam plötzlich Karl Wirtz zu mir mit der Mitteilung, eben habe der Rundfunk verkündet, es sei eine Atombombe über der japanischen Stadt Hiroshima abgeworfen worden.

Am tiefsten getroffen war begreiflicherweise Otto Hahn. Die Uranspaltung war seine bedeutendste wissenschaftliche Entdeckung, sie war der entscheidende und von niemandem vorhergesehene Schritt in die Atomtechnik gewesen. Und dieser Schritt hatte jetzt einer Großstadt und ihrer Bevölkerung, unbewaffneten Menschen, von denen die meisten sich am Kriege unschuldig fühlten, ein schreckliches Ende bereitet. Hahn zog sich erschüttert und verstört in sein Zimmer zurück, und wir waren ernstlich in Sorge, dass er sich etwas antun könnte. Von uns anderen wurde an diesem Abend in der Erregung wohl manches unüberlegte Wort gesprochen. Erst am nächsten Tag gelang es uns, unsere Gedanken zu ordnen und sorgfältig auf das einzugehen, was geschehen war.

Am Morgen nach der erschreckenden Nachricht gingen dort Carl Friedrich und ich lange Zeit sinnend und redend auf und ab. Das Gespräch begann mit der Sorge um Otto Hahn, und Carl Friedrich mag es mit einer schwierigen Frage begonnen haben.

»Man kann ja verstehen, daß Otto Hahn darüber verzweifelt ist, dass seine größte wissenschaftliche Entdeckung jetzt mit dem Makel dieser unvorstellbaren Katastrophe behaftet ist. Aber hat er Grund, sich in irgendeiner Weise schuldig zu fühlen? Hat er mehr Grund dazu als irgendeiner von uns anderen, die wir an der Atomphysik mitgearbeitet haben? Sind wir alle an diesem Unglück mitschuld, und worin besteht diese Schuld?« »Ich glaube nicht«, versuchte ich zu antworten, »dass es Sinn hat, hier das Wort ›Schuld‹ zu verwenden, selbst wenn wir in irgendeiner Weise in diesen ganzen Kausalzusammenhang verwoben sind. Otto Hahn und wir alle haben an der Entwicklung der modernen Naturwissenschaft teilgenommen. Diese Entwicklung ist ein Lebensprozess, zu dem sich die Menschheit, oder wenigstens die europäische Menschheit, schon vor Jahrhunderten entschlossen hat – oder wenn man vorsichtiger formulieren will, auf den sie sich eingelassen hat. Wir wissen aus Erfahrung, dass dieser Prozess zum Guten und Schlechten führen kann. Aber wir waren überzeugt – und das war insbesondere der Fortschrittsglaube des 19. Jahrhunderts –, dass mit wachsender Kenntnis das Gute überwiegen werde und dass man die möglichen schlechten Folgen in der Gewalt behalten könne. An die Möglichkeit von Atombomben hat vor der Hahnschen Entdeckung weder Hahn noch irgendein anderer von uns ernstlich denken können, da die damalige Physik keinen Weg dahin sichtbar machte. An diesem Lebensprozess der Entwicklung der Wissenschaft teilzunehmen, kann nicht als Schuld angesehen werden.«

»Man wird hier«, so führte Carl Friedrich die Gedanken weiter fort, »wohl einen grundsätzlichen Unterschied machen müssen zwischen dem Entdecker und dem Erfinder. Der Entdecker kann in der Regel vor der Entdeckung nichts über die Anwendungsmöglichkeiten wissen, und auch nachher kann der Weg bis zur praktischen Ausnützung noch so weit sein, dass Voraussagen unmöglich sind. So haben etwa Galvani und Volta sich keine Vorstellung von der späteren Elektrotechnik machen können. Sie hatten also auch nicht die geringste Verantwortung für den Nutzen und die Gefahren der späteren Entwicklung. Aber bei den Erfindern ist es in der Regel anders. Der Erfinder – und so will ich das Wort verstehen – hat ja ein bestimmtes praktisches Ziel vor Augen. Er muss überzeugt sein, dass die Erreichung dieses Zieles einen Wert darstellt, und man wird ihn mit Recht mit der Verantwortung dafür belasten. Allerdings wird gerade beim Erfinder deutlich, dass er eigentlich nicht als Einzelner, sondern im Auftrag einer größeren menschlichen Gemeinschaft handelt. Der Erfinder des Telefons etwa wusste, dass die menschliche Gesellschaft eine schnelle Kommunikation für wünschenswert hält. Und auch der Erfinder der Feuerwaffen handelte im Auftrag einer kriegerischen Macht, die ihre Kampfkraft steigern wollte. Man kann dem Einzelnen also sicher nur einen Teil der Verantwortung aufbürden. Dazu kommt, dass auch hier weder der Einzelne noch die Gemeinschaft alle späteren Folgen der Erfindung wirklich überschauen kann. Ein Chemiker etwa, der eine Substanz findet, mit der er große landwirtschaftliche Kulturen vor Schädlingen schützen kann, wird ebenso wenig wie die Besitzer oder Verwalter der angebauten Landflächen wirklich vorausrechnen können, welche Folgen aus den Veränderungen der Insektenwelt in dem betreffenden Gebiet schließlich entstehen. An den Einzelnen wird man also nur die Forderung stellen können,

dass er sein Ziel im großen Zusammenhang sehen müsse; dass er nicht um des Interesses irgendeiner kleinen Gruppe willen andere, viel weitere Gemeinschaften unbedacht in Gefahr bringt. Was verlangt wird, ist also im Grunde nur die sorgfältige und gewissenhafte Berücksichtigung des großen Zusammenhangs, in dem sich der technisch-wissenschaftliche Fortschritt vollzieht. Dieser Zusammenhang muss auch dort beachtet werden, wo er dem eigenen Interesse nicht unmittelbar entgegenkommt.«
»Wenn du in dieser Weise zwischen Entdeckung und Erfindung unterscheidest, wohin stellst du dann dieses neueste und schrecklichste Ergebnis des technischen Fortschritts, die Atombombe?«
»Hahns Experiment über die Spaltung des Atomkerns war eine Entdeckung, die Herstellung der Bombe eine Erfindung.«
»Du meinst also«, wiederholte Carl Friedrich, »man hätte die technische Möglichkeit der Atombombe im großen Zusammenhang sehen sollen, nämlich als Teil der globalen wissenschaftlich-technischen Entwicklung, die letzten Endes unausweichlich zu einer einheitlichen Ordnung auf der Erde führen muss. Man hätte dann verstanden, daß der Einsatz der Bombe zu einem Zeitpunkt, in dem über den Sieg bereits entschieden ist, einen Rückfall in die Zeit der um Macht ringenden Nationalstaaten darstellt und vom Ziel einer einheitlichen und freiheitlichen Ordnung der Welt wegführt; denn er schwächt eben das Zutrauen zur guten Sache Amerikas, er macht die Mission Amerikas unglaubhaft. Die Existenz der Atombombe an sich ist hier kein Unglück. Denn sie wird in Zukunft die volle politische Unabhängigkeit auf einige wenige Großmächte mit einer riesigen Wirtschaftskraft beschränken. Für die kleineren Staaten wird es nur noch eine begrenzte Unabhängigkeit geben können. Aber dieser Verzicht braucht keine Einschränkung für die Freiheit des Einzelnen zu bedeuten und kann als Preis für die allgemeine Verbesserung der Lebensbedingungen hingenommen werden.
Aber wir kommen, wenn wir so reden, immer wieder von unserer eigentlichen Frage ab. Wir wollten doch wissen, wie sich der Einzelne verhalten muss, der in dieses Getriebe einer von widerstreitenden Ideen geformten, ihren Leidenschaften und Wahnvorstellungen ausgelieferten und doch an technischen Fortschritt interessierten Menschheit hineingestellt ist. Darüber haben wir noch zu wenig erfahren.«
»Wir haben immerhin verstanden«, versuchte ich zu erwidern, »dass es für den Einzelnen, dem der wissenschaftliche oder technische Fortschritt eine wichtige Aufgabe gestellt hat, nicht genügt, nur an diese Aufgabe zu denken. Er muss die Lösung als Teil einer großen Entwicklung sehen, die er offenbar bejaht, wenn er überhaupt an solchen Problemen mitarbeitet. Er wird leichter zu den richtigen Entscheidungen kommen, wenn er diese allgemeinen Zusammenhänge mit bedenkt.«
»Das würde wohl bedeuten, dass er sich auch um eine Verbindung mit dem öffentlichen Leben, um Einfluss auf die staatliche Verwaltung bemühen muss, wenn er das Richtige nicht nur denken, sondern auch tun und bewirken will. Aber vielleicht ist eine solche Verbindung auch nicht vernünftig. Sie passt gut in die allgemeine Entwicklung, die wir uns vorher vorzustellen suchten. In dem Maß, in dem der wissenschaftliche und technische Fortschritt für die Allgemeinheit wichtig wird, könnte sich auch der Einfluss der Träger dieses Fortschritts auf das öffentliche Leben vergrößern. Natürlich wird man nicht annehmen können, dass die Physiker und Techniker wichtige politische Entscheidungen besser fällen können als die Politiker. Aber sie haben in ihrer wissenschaftlichen Arbeit besser gelernt, objektiv, sachlich und, was das wichtigste ist, in großen Zusammenhängen zu denken. Sie mögen also in der Arbeit der Politiker ein konstruktives Element von logischer Präzision, von Weitblick und von sachlicher Unbestechlichkeit bringen, das dieser Arbeit förderlich sein könnte. Wenn man so denkt, könnte man allerdings den amerikanischen Atomphysikern den Vorwurf nicht ersparen, dass sie sich nicht genug um politi-

Amerikanischer Atombombentest, Nevada

schen Einfluss bemüht, dass sie die Entscheidung über die Verwendung der Atombombe zu früh aus der Hand gegeben haben. Denn ich kann nicht daran zweifeln, dass sie die negativen Folgen dieses Bombenabwurfs sehr früh verstanden haben.«

Denen, die bei uns die Verantwortung für das Funktionieren des Staatswesens übernahmen, müsste, so glaubte ich, immer wieder ins Bewusstsein gebracht werden, dass es sich nicht nur um den Ausgleich widerstreitender Interessen handelt, sondern dass es oft sachlich bedingte Notwendigkeiten gibt, die in der Struktur der modernen Welt begründet sind und bei denen ein irrationales Ausweichen in gefühlsbestimmtes Denken nur zu Katastrophen führen könne.

Ich wollte also der Wissenschaft ein gewisses Recht zur Initiative in öffentlichen Angelegenheiten verschaffen. Bei Adenauer, mit dem ich damals oft beriet, fand ich Vertrauen und Unterstützung für diesen Plan. Zu gleicher Zeit aber waren Bestrebungen im Gange, die in den zwanziger Jahren von Schmidt-Ott geleitete Notgemeinschaft der Deutschen Wissenschaft wieder erstehen zu lassen, die nach dem Ersten Weltkrieg der deutschen Wissenschaft unschätzbare Dienste erwiesen hatte. Diese Bemühungen, die vor allem von Vertretern der Hochschulen und der Länderverwaltungen getragen wurden, machten mir insofern Sorge, als ich in ihnen ein stark restauratives Element zu spüren glaubte. Der Gedanke, zwar eine starke Unterstützung der wissenschaftlichen Forschung durch die Öffentlichkeit zu erstreben, aber sonst für eine weit gehende Trennung der beiden Bereiche zu plädieren, schien mir nicht mehr in unsere Zeit zu passen.

Heisenberg, Werner: Der Teil und das Ganze. Gespräche im Umkreis der Atomphysik. – München: Deutscher Taschenbuchverlag, 1973. – S. 226 ff.

1) Wie reagieren die internierten deutschen Atomforscher auf die Nachricht vom Abwurf der Bomben auf Hiroshima und Nagasaki?

2) Wie beurteilen Sie von Weizsäckers Unterscheidung der Verantwortung bei einem Entdecker und einem Erfinder?

3) Welche Konsequenzen zieht Heisenberg aus dem Desaster der Bombenabwürfe?

Günter Altner · Selbstorganisation der wissenschaftlichen Verantwortung

Es gibt für uns keine Kehre zurück zur Natur. Umso mehr kommt es aber darauf an, das Primat der objektivierenden Verfügung durch gegenläufige Methodenvarianten zu relativieren. Erst auf dieser prinzipiell veränderten Grundlage ließen sich auch die Fragen der Technologieentwicklung und der Technologiealternativen angemessen erörtern, ob eine Technik unterlassen, verworfen, gestoppt, zurückgerufen, unter kontrollierten Prämissen noch einmal geprüft, verändert oder durch bevorzugenswerte Varianten ersetzt werden soll. Solche Fragen werden nicht im luftleeren Raum entschieden. Sie sind von massiven Nutzungs- und Kapitalinteressen begleitet. Und in einer Zeit, in der das Zusammenführen von Hochschulforschung und industrieller Nutzung als Fortschrittsgarantie schlechthin angesehen wird, schrumpfen die Spielräume und Möglichkeiten für die hier geforderte methodische Interdisziplinarität in den Naturwissenschaften.

Die politische und gesellschaftliche Erfolgskontrolle ist – mit Ausnahme der Diskussion in den sozialen Bewegungen (u. a. Ökologie-, Friedens-, Frauen-, Dritte-Welt-Bewegung) – auf eine Effizienz fixiert, die ganz an der technischen Machbarkeit und der wirtschaftlichen Rendite von Forschungsergebnissen interessiert ist. Und dennoch ist das in diesem Kapitel skizzierte Alternativszenario grundsätzlich und gerade auch unter Berücksichtigung der hier vertretenen bioethischen Gesamtperspektive eine Herausforderung für die Verantwortung der Wissenschaftler. Die Wissenschaftler sind die Akteure – einzeln, in der Gemeinschaft der Wissenschaftler, im Wechselspiel zwischen wissenschaftlichen, technisch-industriellen und politischen Interessen –, die jene Maschine des Fortschritts scheinbar unaufhaltsam auf Kollisionskurs mit der irdischen Natur (Biosphäre) bringen. Fragt man im Blick auf die gekennzeichnete Problemlage nach der Verantwortung der Wissenschaftler heute, so ergeben sich vier Problem- und Handlungsebenen, die hinsichtlich des wissenschaftlich-technischen Komplexes von Bedeutung sind:

1. der Wissenschaftler gegenüber sich selbst und gegenüber der Wissenschaftlergemeinschaft,
2. der Wissenschaftler gegenüber staatlichen und industriellen Geldgebern und Nutzungsinteressen,
3. der Wissenschaftler gegenüber der Öffentlichkeit (sowohl gegenüber den politischen Mandatsträgern als Delegaten des Volkes wie auch gegenüber dem Volk als Souverän und als kritisch nachfragender Öffentlichkeit),
4. der Wissenschaftler gegenüber der nichtmenschlichen Natur.

Der zur Verantwortung bereite Naturwissenschaftler darf nicht übersehen, dass er sich mit seinen Erkenntnisinteressen im Kontext des öffentlichen Bewusstseins bewegt. Die Öffentlichkeit ist es, die dem Wissenschaftler, wenn er in einer öffentlichen Forschungseinrichtung ausgebildet wird und arbeitet, über ihre Steuern die nötigen Mittel zur Verfügung stellt. Die Öffentlichkeit ist es aber auch, die die Betroffenheit durch Wissenschafts- und Technikfolgen repräsentiert. Seit Anfang der siebziger Jahre ist die öffentliche Diskussion über Fortschrittsziele und Fortschrittsfolgen durch eine wachsende Zahl von Initiativen bestimmt (Ökologie-, Friedens-, Frauen-, Dritte Welt-Bewegung), die die Frage der ökologischen und sozialen Verträglichkeit technologischer Entwicklungen und dahinter stehender Forschungsansätze kritisch erörtern. Abgesehen von der allgemeinen und speziellen Auseinandersetzung um Umweltprobleme standen und stehen Technikkomplexe wie Atomtechnik, Chemietechnik und Gentechnik zur Diskussion.

Will man die einerseits ganz ins Grundsätzliche (harte und weiche Technologien) und andererseits ganz ins Konkrete (z. B. Reaktorsicherheit) gehende Auseinandersetzung genauer kennzeichnen, so bietet es sich an, das Raster der in dieser Diskussion erwogenen Alternativen zu skizzieren:

Bisher: Keine Rücksicht auf knappe natürliche Vorräte.

Jetzt: Sparsamste Ressourcennutzung bei größtmöglicher Wiederverwendung und bei Einsatz erneuerbarer Naturvorräte.

Bisher: Keine Rücksichtnahme auf ökologische Gleichgewichte.

Jetzt: Kleinstmögliche und sorgfältig erwogene Eingriffe in ökologische Gleichgewichte.

Bisher: Technischer Fortschritt im Dienste wirtschaftlicher und materieller Interessen.

Jetzt: Technischer Fortschritt im Dienste von Mensch und Natur bei hartnäckiger Prüfung der Konsequenzen für Umwelt, Mitwelt und Nachwelt.

Bisher: Risikoträchtige Großtechnologien.

Jetzt: In soziale und ökologische Zusammenhänge hineinkonzipierte Netze von Mittel- und Kleintechnologien.

Bisher: Schonungsloser Raubbau an Atmosphäre und Weltmeeren.

Jetzt: Verantwortliche Nutzung des einen irdischen Lebensraumes unter besonderer Berücksichtigung der biosphärischen Gleichgewichtssysteme und Regenerationspotentiale.

Bisher: Vollindustrialisierung der Landwirtschaft.

Jetzt: Landwirtschaft als Nabelschnur von Mensch und Gesellschaft zur Natur.

Bisher: Vernachlässigung der Interessen der Schwachen, insbesondere in den Entwicklungsländern, und Ignorierung der Interessen der stummen Natur.

Jetzt: Berücksichtigung der Unterprivilegierten im Gefälle zwischen Industriestaaten und Entwicklungsländern und menschliche Anwaltschaft zugunsten der Natur.

Es gibt auf dem Weg des ethischen Diskurses keine Erfolgsgarantie. Der erkenntnistheoretische Umbruch in der Quantenphysik hat die Entstehung der atomaren Großtechnik (Massenvernichtungswaffen und Atomkraftwerke) nicht verhindert, und die heute so modische Diskussion über die offene Prozesshaftigkeit der Natur (Natur als Naturgeschehen) hindert die moderne Biologie nicht im Geringsten daran, systemtheoretische und gentechnische Ansätze zu entwickeln, mit denen sie die belebte Natur unter das Diktat ihrer Manipulationsinteressen stellt und ihr somit die Offenheit wieder austreibt. Dennoch haben wir einen Grundsatz gewonnen, den es für die weitere Diskussion festzuhalten gilt: Alle Suche nach weichen, lebensverträglichen Technikansätzen bleibt oberflächlich, solange die Erkenntnismethoden der Naturwissenschaften nicht in einem grundsätzlichen Sinne (bezüglich ihrer Naturangemessenheit) zur Diskussion gestellt werden. Diese erkenntnistheoretische Diskussion kann wie ein abstraktes Glasperlenspiel gespielt werden, sie ist aber heute – in der Überlebenskrise der technischen Zivilisation – der unmittelbarste und konsequenteste Ausdruck der Verantwortung des Naturwissenschaftlers.

Will man die Aufgaben, die dem Wissenschaftler auf den verschiedenen Verantwortungsebenen erwachsen, unter der Perspektive der persönlichen Verantwortung zusammenfassen, so lässt sich dies durchaus in einer konkreten Verpflichtungsformel tun:

– Frage immer nach den direkten und indirekten, nach den kurz- und langfristigen Folgen deines Erkennens für die Umwelt, Mitwelt und Nachwelt.

– Bedenke, dass die Zerstörung alles höheren Lebens auf der Erde heute im Bereich des Menschenmöglichen liegt. Beteilige dich nicht an Rüstungsvorhaben.

– Lass dich durch Einreden seitens deiner Auftraggeber oder anderer Interessengruppen nicht davon abbringen, deine Befürchtungen hinsichtlich gefährlicher Erkenntnis- und Nutzungsfolgen zu erhärten oder als gegenstandslos zu erweisen.

– Suche die Öffentlichkeit, wenn du meinst, auf deinen Bedenken bestehen zu müssen.

– Auch das Argument, dass andere ohnehin das durchführen, was du für bedenklich hältst, sollte

dich nicht davon abbringen, deine Warnung oder deine Verweigerung aufrechtzuerhalten.
– Zur Wahrnehmung von Verantwortung gehört die Vielstimmigkeit der Argumente und der dahinter stehenden Interessen und Bewertungen. Trage mit dazu bei, dass dieser Prozess der kritischen Prüfung in der Öffentlichkeit stattfindet. Unterstütze Initiativen, die das Vorhaben einer öffentlichen und kontroversen Begutachtung von Wissenschafts- und Technologiefolgen unterstützen.
– Offenbare die Bewertungsvoraussetzungen, aufgrund derer du zu deinen Ergebnissen und den daraus abzuleitenden Befürchtungen kommst, und bestehe darauf, dass deine Kontrahenten ebenso verfahren.

Altner, Günter: Naturvergessenheit. – Darmstadt: Wissenschaftliche Buchgesellschaft, 1991. – S. 164 ff.

1) Altner unterscheidet hinsichtlich der Verantwortung des Wissenschaftlers vier Problemebenen. Überprüfen Sie an einem Beispiel moderner Großtechnologie, inwiefern ein Wissenschaftler in seiner Arbeit diese Ebenen immer berücksichtigen kann!
2) Der Autor stellt eine Liste alter und neuer Prinzipien wissenschaftlichen Arbeitens und Denkens vor. In welchen Punkten würden Sie ihm bei dieser Aufteilung zustimmen, an welchen würden Sie Kritik üben? Begründen Sie Ihren Standpunkt und erläutern Sie an Beispielen.
3) Altner entwirft eine persönliche Verpflichtungsformel für Wissenschaftler. Vergleichen Sie diese mit dem »Eid des Hippokrates«, den Ärzte beim Eintritt in ihren Beruf ablegen. Was halten Sie von Altners Vorschlag?

5.3 Verantwortung des Politikers

Erhard Eppler · **Wege aus der Gefahr**

Wenn uns heute immer wieder das Gefühl überkommt, dass Sachzwänge uns einengen, entmutigen, erdrücken und eigenständigen politischen Willen der Lächerlichkeit preisgeben, dann haben wir es mit etwas qualitativ anderem zu tun als jener Banalität, dass es eine Sache ist, Programme zu formulieren, eine andere, sie durchzusetzen.
Dass etablierte Machtstrukturen nicht schon umgeblasen werden, wenn irgendwoher ein neuer Geist weht, ist eine Binsenweisheit. Dass Politik sich auf die Exekution von alternativlosen Sachzwängen reduziere, ist Teil einer Ideologie, die erst in den letzten Jahrzehnten aufkam.
Helmut Schelsky schrieb 1961: »Wir behaupten nun, dass durch die Konstruktion der wissenschaftlich-technischen Zivilisation ein neues Grundverhältnis von Mensch zu Mensch geschaffen wird, in welchem das Herrschaftsverhältnis seine alte persönliche Beziehung der Macht von Personen über Personen verliert, an die Stelle der politischen Normen und Gesetze aber Sachgesetzlichkeiten der wissenschaftlich-technischen Zivilisation treten, die nicht als politische Entscheidungen setzbar und als Gesinnungs- oder Weltanschauungsnormen nicht verstehbar sind.
Damit verliert auch die Idee der Demokratie sozusagen ihre klassische Substanz: An die Stelle eines politischen Volkswillens tritt die Sachgesetzlichkeit, die der Mensch als Wissenschaft und Arbeit selbst produziert.«
Die wissenschaftlich-technische Zivilisation hat also ihre eigenen Gesetze. Sie lassen sich nicht ändern, sie lassen sich nur erkennen und anerkennen – oder verkennen und notfalls leugnen. Der Politiker kann, erkennt er diese

Gesetze richtig, sich ihnen nicht widersetzen, er kann sich ihnen – bei Strafe des Scheiterns – nur fügen. Politische Normen, Grundwerte, Parteiprogramme, Ziele, erst recht Gesinnungen, können allenfalls die Funktion haben, die Bürger zu unterhalten und von der Tatsache abzulenken, dass Demokratie zur Farce geworden ist, denn nicht der Demos, das Volk, herrscht, sondern der Sachzwang der wissenschaftlich-technischen Zivilisation. Das Parlament wäre dann wenig mehr als ein Theater zur Unterhaltung und Erbauung der Menschen, die gerne in der Illusion leben möchten, es gebe noch etwas zu entscheiden. Politik ist hier nicht mehr die immer neu unternommene Anstrengung zur Gestaltung von gesellschaftlicher Wirklichkeit, sondern Exekution von Sachzwängen. Die technisch-wissenschaftliche Zivilisation – und damit die Kräfte, die sie vorantreiben – wird zum Gott, dem die Gläubigen vor jeder Bitte in eigener Sache zuerst einmal zugestehen müssen, dass sein Wille geschehe.

Was Schelsky beschreibt, war ursprünglich durchaus kein harter, erbarmungsloser Gott, denn noch in den sechziger Jahren war kaum umstritten, dass die Gesetze der wissenschaftlich-technischen Zivilisation förderlich und heilsam seien und besser als alle Politiker geeignet, uns herrlichen Zeiten entgegenzuführen. Die Umsetzung von wissenschaftlicher Erkenntnis in technische Innovation, die Vermarktung technischer Innovation in – mehr oder minder – freiem Wettbewerb ließen die Wirtschaft rasch und – wie es das Stabilitäts- und Wachstumsgesetz festschrieb – stetig wachsen. Der Automatisierung der Produktion entsprach die Automatisierung des Fortschritts. Die Extrapolation von Wachstumsraten bis ins vierte Jahrtausend unterstellte mit entwaffnender Einfalt, dass Zukunft sich einfach aus dem – möglichst ungestörten – Walten jener heilsamen Gesetze ergebe, dass Zukunft die praktisch unendliche Fortschreibung der Trends sei, die zur Gegenwart geführt hatten. Politiker mit ihren Ideologien und Interessen, ihrem Ehrgeiz und ihren Machtkämpfen konnten da nur stören. Und so stritten sich die Spitzenkandidaten der großen Parteien im Wahlkampf 1965 darum, wer von beiden den Wohlstand rascher und sicherer verdoppeln könne, was zu tun sei, damit eine ohnehin rosige Zukunft noch etwas rosiger werden könne. Dass die innere Gesetzlichkeit unserer Zivilisation vielleicht doch nicht nur förderlich sein könnte, wurde in jenen frühen siebziger Jahren klar, von denen ich meine, sie markierten eine geschichtliche Zäsur. Die Berichte des Klubs von Rom, so anfechtbar sie sein mögen, signalisieren den Bewusstseinswandel: Nicht in ein Paradies unaufhörlich wachsenden Wohlstandes führten die waltenden Gesetze unserer Zivilisation, sondern bestenfalls in eine Serie von Katastrophen, schlimmstenfalls in die eine große Katastrophe. Auch das Bariloche-Modell, das den Klub von Rom widerlegen wollte, bestätigte nur seine Kernthese. Sagte der Klub von Rom: Wenn wir so weitermachen wie bisher, sind Katastrophen unausweichlich, so stellte das Bariloche-Modell fest: Wenn wir alles anders machen als bisher, sind – die meisten – Katastrophen zu vermeiden.

Solange wir scheinbar nichts Besseres tun konnten, als uns den Sachzwängen anzuvertrauen, gab es dagegen kaum Widerstand. Warnzeichen für das Zerbröckeln dieses Vertrauens war die Studentenrevolte, später die rasch anschwellende Ökologiebewegung. Dass sie – offenkundigen Gegensätzen zum Trotz – geschichtlich zusammengehören, zeigen die sichtbaren und unsichtbaren Verbindungslinien, die von der Studentenrevolte zur Ökologiebewegung führen.

Die Umkehrung der Vorzeichen, die Einsicht, dass wir uns gerade nicht der inneren Gesetzlichkeit technisch-ökonomischer Prozesse anheim geben können, dass – in den Worten von Roger Garaudy – wir unsere Enkel umbringen, wenn wir noch dreißig Jahre so weiterleben wie in den vergangenen dreißig Jahren, hat vieles erschüttert, ganz besonders die herrschende Form eines naiven Fortschrittsglaubens.

Neue alte Ethik

Nichts ist schwerer zu beschreiben als das Aufkommen eines neuen sittlichen Bewusstseins. Denn es wird nur insofern neu sein, als darin Altes, Verschüttetes wieder lebendig wird. Vielleicht lassen sich für diese neue zugleich uralte Ethik einige Grenzpfähle stecken, innerhalb deren sich ein solcher Prozess vollzieht.

Die neue Ethik wird eine Ethik der Lebensförderung und der Lebenssteigerung sein, und doch wird nicht die Vitalität, der »élan vital«, ihr höchster Wert sein. Im Gegenteil, Leben wird da am meisten zu fördern sein, wo es am schwächsten, am meisten gefährdet ist.

Die neue Ethik wird versuchen, den Menschen zu versöhnen mit der Natur, der Natur außerhalb und innerhalb seiner selbst, aber sie dürfte zu nüchtern sein, um in einen Kult alles Natürlichen abzugleiten.

Die neue Ethik wird eine Ethik der Selbstentfaltung sein, aber eben nicht jener egoistischen Selbstverwirklichung mit den Ellbogen, die zum Erbe eines Vulgärliberalismus gehört.

Die neue Ethik wird eine Ethik der Befreiung sein, aber sie wird auch Emanzipationsbewegungen nach Ziel, Inhalt und Methode befragen.

Die neue Ethik wird sich nicht an Verboten orientieren, sondern an der Entfaltung des anderen, des Nächsten, aber sie wird nach Formen und Regeln und schließlich auch nach Verboten suchen, die dieser Entfaltung dienen.

Die neue Ethik wird nicht mehr die Geschlechter in verschiedener Weise fordern, beim Mann Intellekt, Willen, Härte, bei der Frau Emotion, Hingabe, Leidensbereitschaft. Aber gerade dadurch verändert sie Stellung und Aufgabe von Frau und Mann, vor allem das Verhältnis der Geschlechter zueinander.

Die neue Ethik wird Verantwortungsethik sein. Sie wird von der Verantwortung für den Nächsten, die Gesellschaft, die kommenden Generationen, die Natur ausgehen, aber sie wird die Spaltung von Gesinnungs- und Verantwortungsethik (Max Weber) nicht gelten lassen.

Die neue Ethik wird sich mehr um Mittel als um Zwecke bemühen. Sie wird die Mittel nennen, die jeden Zweck entheiligen, aber auch Mittel suchen, die Zwecke entwaffnen können, etwa das Mittel der Gewaltlosigkeit, den Zweck, ängstliche Bürger mit neuen Feindbildern zu schrecken.

Die neue Ethik wird Ordnungen anerkennen und ihnen besser gerecht werden, etwa natürliche Ordnungen, die den Menschen altern, leiden, sterben lassen, natürliche Rhythmen von Anspannung und Entspannung, von Kontakt und Selbstfindung, von körperlicher und geistiger Arbeit, aber sie wird die Ordnungen etwa der hergebrachten lutherischen Lehre nicht unbefragt und unverwandelt passieren lassen.

Die neue Ethik wird zu kritischem Denken ermutigen, aber sie wird sich nicht mit der Verkümmerung der Emotionalität abfinden.

Die neue Ethik wird egalitär sein, also keinerlei Rangordnungen unter Menschen dulden, aber sie wird dem besondere Achtung zukommen lassen, der am meisten für die Entfaltung der Mitmenschen beiträgt. Insofern wird sie auch Leistung fördern und anerkennen.

Die neue Ethik wird sich im kleinen, überschaubaren Kreis bewähren wollen, aber sie wird eben dadurch auf die Gesamtgesellschaft einwirken und zur Verantwortung dafür bereit sein müssen.

Die neue Ethik wird keine nationalen oder rassischen Schranken anerkennen, aber sie wird wissen, dass die Forderung nach einer besseren Weltordnung nicht die Bewährung vor Ort ersetzt.

Die neue Ethik wird radikal-demokratisch sein, da sie keine unausgewiesenen Autoritäten anerkennt. Aber ihr wird der Schutz von Minderheiten so wichtig sein wie der Wille der Mehrheit.

Trampelpfade aus der Gefahr

Bleibt die Frage nach den Instrumenten. Sicher kann und wird es nie politische Einzelentscheidungen über jedes der Produkte geben, die immer neu auf den Markt drängen, zumal sie meist keine grundsätzlichen technischen

Neuerungen enthalten. Hier dürfte ein – politisch angeregter, mitgestalteter – Diskussionsprozess, gestützt von einer verstärkten und erweiterten Verbraucheraufklärung, ausreichen. Anders sieht es aus bei neuen Technologien im Bereich der Energieversorgung (Schneller Brüter), der Massenmedien (Kabelfernsehen), des Verkehrs (Überschallflugzeug), der medizinischen Technik (Organverpflanzung), der Genetik (Manipulation von Erbanlagen), der Pharmazie (neue Arzneimittel), der Kunststoffherstellung (krebserregende Stoffe), der Agrarchemie (Herbizide, Pestizide, Zusätze zum Futter), der Beeinflussung des Wetters (künstlicher Regen), schließlich auch bei manchen neuen Produktionstechniken der Industrie (Mikroprozessor). In diesen Bereichen wäre an unabhängige, pluralistisch zusammengesetzte Kommissionen zu denken, die von ökonomischen und administrativen Interessen so gut wie möglich abzuschirmen wären. Dass so etwas möglich ist, hat die Enquête-Kommission des Bundestages – zur Überraschung vieler – bewiesen. Ob allerdings die Mischung aus Abgeordneten und Wissenschaftlern überall hilfreich wäre, darf man bezweifeln, zumal nicht für jede Kommission ein Vorsitzender mit so viel Geduld, Fantasie und Hartnäckigkeit zu finden ist, wie sie in Reinhard Ueberhorst vereinigt waren.

Entscheidend ist, dass zu solchen Fragen die öffentliche Diskussion durch qualifizierte Berichte unabhängiger Kommissionen angereichert, gesteuert, vor allem wirksamer und verbindlicher gemacht wird. Solche Kommissionen können niemals administrative Rechte haben. Regierungen können – zumindest zeitweise – versuchen, solche Berichte zu ignorieren oder sich aus ihnen herauszupicken, was ihren Absichten entspricht. Aber auf dem Weg über Bürgerinitiativen, Medien, Verbände und Parteien fließen qualifizierte Ergebnisse doch in den Prozess politischer Willensbildung ein, schließlich – mehr oder minder unvollkommen – auch in die Gesetzgebung (Chemikaliengesetz), in administrative Entscheidungen (Verzögerung des Kabelfernsehens, Moratorium bei Kernkraftwerken).

Die schwierigste Aufgabe in der Praxis wird die Wahl des Zeitpunktes sein. Hat eine technische Innovation noch nicht den Reifegrad erreicht, der eine kommerzielle Nutzung zulässt, ist meist auch die Information so spärlich, dass politische Einwirkung, in welcher Form auch immer, kaum erreichbar erscheint. Ist die Innovation jedoch voll vermarktungsfähig, so entstehen häufig schon jene Sachzwänge, die Politik nur noch als Kugellager zulassen. Es wird sich zeigen, ob beim Kabelfernsehen der richtige Zeitpunkt schon versäumt wurde (vielleicht lag er zu Beginn der siebziger Jahre). Dass aber auch eine sehr verspätet – um zwei Jahrzehnte verspätet – einsetzende Diskussion noch Wirkung haben kann, beweist das Beispiel der Kernkraft.

Politik, die sich einem angeblich autonomen technischen Prozess anvertraut und nur nachträglich seine positiven Folgen konstatieren, seine negativen beklagen kann, wird vollauf damit beschäftigt sein, Flickschusterei zu treiben an einem Schuh, den sie selber weder entworfen noch zerrissen hat. Sie wird hinter Entwicklungen herkeuchen, die sie nie einholt. Es ist ein Politikum ersten Ranges, dass heute viele erkennen: Wir sind an einem Punkt angekommen, wo die Politik der Technik Vorgaben machen muss.

Sicher: Auch bei der Wahl zwischen technischen Alternativen helfen Kriterien und Instrumente wenig, wenn es an der Macht und vor allem an der Konfliktbereitschaft fehlt.

Hans-Georg Rauch: Borkenkäfer, Feind des Waldes

Deshalb wird nichts anderes übrig bleiben, als durch öffentliche Willensbildung neue Mehrheiten in Sachfragen zu schaffen und die Regierenden vor die Wahl zu stellen, welchen Konflikt sie vorziehen, den mit mächtigen Interessenblöcken oder den mit einem beträchtlichen, vielleicht entscheidenden Teil ihrer Wählerschaft. Der Trampelpfad »politische Entscheidung zwischen technischen Alternativen« ist schon ziemlich breit geworden.

Eppler, Erhard: Wege aus der Gefahr. – Reinbek: Rowohlt Verlag, 1981. – S. 33 ff.

1) Eppler kritisiert hier, dass Politik häufig allein von Sachzwängen bestimmt wird. Welche Sachzwänge meint er?
2) Welche Aspekte der neuen Ethik, die der Autor entwirft, halten Sie für besonders wichtig? Begründen Sie Ihre Ansicht.
3) Welche Instrumente könnten nach Eppler helfen, die neue Ethik durchzusetzen?

Fritz Vorholz · **Die letzte Party**

Der Bürgermeister von Köpenick ist ein vorausschauender Mann. Klaus Ulbricht blickt nämlich weit über die Grenzen des Stadtbezirkes im Berliner Osten hinaus. Während er einem Städtchen in den peruanischen Anden hilft, alternative Energiequellen zu erschließen, sorgt er sich in Köpenick selbst – »Berlins grüner Adresse«, so die Eigenwerbung – um die Müllsortierung, »agitiert« private Investoren, bei den vielen Bauvorhaben den Umweltschutz stärker zu beachten und organisiert Runde Tische, an denen über Zukunftsfragen debattiert wird. Was ihn antreibt, ist die Erkenntnis, »dass wir nicht allein auf der Welt sind«. Den unzähligen Dörfern und Städten auf der armen Südhalbkugel des Planeten könne man aber kaum empfehlen, dem bisherigen Beispiel des reichen Nordens zu folgen. »Durch lokales Handeln wurde die Weltsituation verschuldet«, sagt Ulbricht. Was liegt da näher, als endlich das Ruder herumzureißen – nach der Devise: »Was lokal nicht passiert, kann global keine Auswirkungen haben.« Köpenick soll nun zum neuen Vorbild werden.

Mit seinen Ahnungen ist der Bürgermeister von Köpenick nicht allein. Viele Menschen – Unternehmer, Politiker, Wissenschaftler, Gewerkschafter, Ökoaktivisten und Freunde der Dritten Welt – spüren, dass sich vieles ändern muss, soll die Menschheit nicht ins Verderben geraten. Während weltweit die Zahl armer Menschen auf eine Milliarde angewachsen ist, während im unerbittlichen globalen Konkurrenzkampf die Arbeitskraft von bald 35 Millionen Menschen allein in den Industrieländern nicht mehr gebraucht wird, säge die Menschheit »um die Wette an dem Ast, auf dem wir alle sitzen«, schwant dem Physiker und Club-of-Rome-Mitglied Hans-Peter Dürr, der in einem Zirkel namens Global Challenges Network Therapieprogramme für die Gattung Mensch ersinnt.

In der Tat: Jeden Tag geht mehr Ackerland verloren, als in tausend Tagen neu entstehen kann; jede Minute verschwindet tropischer Regenwald in der Größenordnug von sechzig Fußballfeldern; und in einer erdgeschichtlichen Sekunde verbrennt vor allem der privilegierte Teil der Menschheit alle Energievorräte, die in urhistorischen Zeiten aus versunkenen Wäldern entstanden sind. Dürr attestiert den Industrieländern daher eine »Bankräuber-Mentalität«. Die Meere sind leer gefischt, der Himmel ist mit Treibhausgasen voll gepumpt, und ein Ende des Raubbaus ist nicht abzusehen, denn nicht nur die Ansprüche jedes Einzelnen wachsen, auch die Gattung Homo sapiens selbst wächst unaufhörlich: um drei Exemplare pro Sekunde.

Das beunruhigt. Der Geschäftsführer des Bundesdeutschen Arbeitskreises für umweltbewusstes Management (BAUM), Maximilian Gege, glaubt schon den verhängnisvollen Eisberg zu erkennen, während auf der Titanic – sprich: in den Industrieländern – noch fröhlich die Kapelle aufspiele. Überkonsum im Norden und Überbevölkerung im Süden: Der Ulmer Mathematiker und Wirtschaftswissenschaftler Franz Josef Radermacher sieht die Menschheit ihre letzte Party feiern – wenn sie sich nicht schleunigst besinnt. Selbst der Bonner Zukunftsminister Jürgen Rüttgers sprach kürzlich vom »unvermeidlichen Kollaps«, wenn alle 5,7 Milliarden Erdenbewohner so wie die Minderheit der Wohlstandsbürger leben würden. So betrachtet, sei Deutschland ein Entwicklungsland, meint Jochen Flasbarth, Präsident des Naturschutzbundes Deutschland. »Die Kurve kriegen oder aus der Kurve fliegen« heiße deshalb die Alternative, verkündet der Philosoph Stephan Summerer, im Umweltbundesamt (UBA) für die Überlebensfragen der Menschheit zuständig. Nie war der Konsens darüber umfassender: »Weiter so« geht es nicht.

Kaum überraschend also, dass auch ein Heilsversprechen noch nie so schnell so viele Anhänger gefunden hat. Die »Wunderformel«, so der UBA-Forscher Summerer, heißt *sustainable development,* zu Deutsch: nachhaltige, zukunftsfähige oder dauerhaft umweltgerechte Entwicklung. Einmalige Karriere eines Begriffes: Nachdem sich 1987 die von der UNO eingesetzte Weltkommission für Umwelt und Entwicklung auf den Begriff geeinigt hatte, konnte sich kaum noch jemand seiner Faszination entziehen – dem Postulat nämlich, »die Bedürfnisse der Gegenwart zu befriedigen, ohne zu riskieren, dass künftige Generationen ihre eigenen Bedürfnisse nicht befriedigen können«. Den Grund dafür glaubt der Kasseler Nationalökonom Hans G. Nutzinger zu kennen, bringe das Wortpaar doch wenigstens begrifflich »die Interessen der Industrieländer, der Länder der Dritten Welt und der künftigen Generationen auf einen Nenner«. *Sustainable development,* der neue kategorische Imperativ. 1992 avancierte das Wortpaar zur alles beherrschenden Formel der Umweltkonferenz in Rio, verbreitet sich seitdem geradezu inflationär und hat beste Chancen, so der Ulmer Wirtschaftsprofessor Helge Majer, »zum meistgebrauchten Begriff des Jahres 1995 zu werden«. Majer selbst ist daran nicht ganz unschuldig. Er hat den Ulmer Initiativkreis für nachhaltige Wirtschaftsentwicklung (unw) ins Leben gerufen und debattiert seit knapp zwei Jahren mit Amtsleitern und Managern über Perspektiven für Ulms Gegenwart und Zukunft. »Pflastersteine« für den Weg zum Kurswechsel sollen dabei herauskommen. Ähnliche Bestrebungen heißen in Leipzig Ökolöwe, in Wuppertal Kiwi und in Trier Naret. Selbstverständlich gibt es auch längst eine »European Sustainable Cities and Towns Campaign«. Spektakuläres ist bei alledem bisher zwar nicht herausgekommen, noch ist das neue Paradigma vor allem eine »geistige Knetmasse«, wie Josef Göppel, der Vorsitzende des Deutschen Verbandes für Landschaftspflege, meint. Doch angesichts der gewaltigen Herausforderung, ein neues Modell für die Zukunft zu entwerfen, lässt sich davon kaum jemand verdrießen. »Der Weg ist das Ziel«, verkündet Christiane Busch-Lüty, Professorin an der Bundeswehrhochschule in München und eine der Protagonistinnen der Nachhaltigkeitsidee hierzulande.

Auf den Weg gemacht hat sich derweil auch das Establishment. Längst haben die Regierungen vieler Länder nationale Komitees für nachhaltige Entwicklung einberufen, hat die UNO eine Kommission für nachhaltige Entwicklung (CSD) ins Leben gesetzt, vergeht kaum eine Weltbank-Tagung, auf der nicht von *sustainable development* die Rede ist. Da will auch die Industrie nicht im Abseits stehen: Der oft gescholtene Chemiemulti Hoechst machte sich das Motto *sustainable development* in einer Serie ganzseitiger Anzeigen zu eigen. Derweil lässt sich Procter & Gamble (Ariel, Pampers) von Profis beraten – von einem Londoner Unternehmen namens, wie könnte es anders sein, Sustainability Ltd. Und der hiesige Chemieverband VCI beansprucht schon seit einem Jahr »besondere Kompetenz, entscheidend zu *sustainable development* beizutragen«.

So viel Begeisterung über die Entzugstherapie überrascht – und verärgert manchen. Wolfgang Lohbeck, der bei Greenpeace für den Ökokühlschrank kämpfte und sich nun für das Dreiliterauto stark macht, hält die Bekenntnisse der Elite angesichts der »real existierenden Zerstörung« für nichts als »verbale Trockenübungen«. Im Übrigen gehe es derzeit – »leider« nicht um große Zukunftsentwürfe, sondern um »Schadensbegrenzung, Reparaturen, Abbau der destruktivsten Entwicklungen und Marktstrategien«. Doch – Dialektik des Erfolges – selbst darin stimmt mancher Regierende mit den Ökoaktivisten überein. »Deutschland ist, um ehrlich zu sein, noch weit vom Ziel der nachhaltigen Entwicklung entfernt«, bekannte kürzlich der Bonner Bauminister Klaus Töpfer, dessen Herz noch immer für den Umweltschutz schlägt.

Die Zeit. – Nr. 42 vom 13. 10. 1995. – a. a. O. – S. 25 f.

1) Welche der von Vorholz aufgeführten Fakten und Argumente für eine ökologische Politik und Wirtschaft finden Sie besonders überzeugend?
2) Was bedeutet »sustainable development«?
3) Welche Personen und Institutionen, die in diesem Artikel genannt werden, arbeiten an der Verwirklichung von »sustainable development«? Wie schätzen Sie den Erfolg dieser Bemühungen ein?

5.4 Verantwortung des Einzelnen und der Gesellschaft

Fritz Vorholz · **Sänger, Poet und Unternehmer**

Der Mann gibt zu, Überzeugungstäter zu sein. Nur war ihm schon als Halbwüchsigem klar, dass man »vom Abmühen mit der Natur« eben nicht leben könne. So studierte er am Ende Jura, wandte sich in seiner Doktorarbeit der ernüchternden Fragestellung zu, wie im Konkurs der unterkapitalisierten GmbH die Gesellschafter haften, und stieg schließlich in den Familienbetrieb ein – obwohl er noch heute Wert auf den Hinweis legt, dass er auch aus seiner Gesangsausbildung »sehr gut etwas hätte machen können«.

Sänger, Poet, Naturschützer – als Unternehmer blieb Winter seinen Kinderträumen treu, verteilte erst einmal an alle Mitarbeiter das Buch »Todeskandidat Erde« und nahm den Umweltschutz in den Zielkatalog des Unternehmens auf. In einer Bürgerinitiative namens »Bessere Luft für Hamburg« verhinderte er gemeinsam mit Gleichgesinnten den Bau eines Kohlekraftwerkes mitten in der Hansestadt; außerdem sorgte er dafür, dass die Schwefelemissionen der nun außerhalb Hamburgs errichteten Energiefabrik auf ein Zehntel des ursprünglich geplanten Wertes gesenkt wurden. Und schon damals, Anfang der achtziger Jahre, scheute sich Winter auch nicht, öffentlich die umweltpolitische Bremserrolle der Spitzenverbände der Wirtschaft anzuprangern. Im Streit um die TA Luft und das Immissionsschutzgesetz schrieb er in der *Welt:* »Soweit BDI und DIHT als Sprachrohr des umweltbelastenden Industriesektors diesen Verschärfungen entgegenwirken, verfehlen sie ihren Auftrag, im Interesse der gesamten Industrie zu handeln.«

Gleichwohl wäre Winter kein im besten Sinne des Wortes Radikaler, würde er sich einbilden, mit solchen Taten schon seine Schuldigkeit zur Rettung des Planeten getan zu haben. Zwar ermunterte ihn die Europäische Kommission 1987, seine Erfahrungen mit dem »Winter-Modell« umweltbewusster Unternehmens-

führung aufzuschreiben; daraus ist mittlerweile ein Bestseller in der fünften Auflage geworden, der sogar ins Chinesische, Russische und Slowenische übersetzt wurde. Zwar erhielt er, ebenfalls schon 1987, für das Ökoengagement in seinem Betrieb das Bundesverdienstkreuz. Doch Winters Visionen gingen schon damals weit über sein eigenes Unternehmen hinaus.
Was ihn umtreibt, ist nicht weniger als »die Anwendung unternehmerischen Denkens auf das Unternehmen Welt«. Damit meint er: nicht mehr vom Aufbruch des Naturkapitals zu leben, sondern von den Zinsen – Exklusivnutzung regenerativer Energieformen, Totalrecycling aller Güter, Abschied vom ruinösen Wachstumsdenken. Schon heute treibe viele Unternehmer die Befürchtung um, glaubt Winter zu spüren, dass sie durch ihre Unternehmensführung »doch nur die Kurbelwelle der Titanic auf ihrer letzten Fahrt ölen«.
Wissend um dieses dumpfe Gefühl, warf Winter schon 1985 seinen »Angelhaken« aus und suchte mit dem Versprechen auf wirtschaftlichen Nutzen Verbündete für die Idee des Ökomanagements. So entstand der Bundesdeutsche Arbeitskreis für Umweltbewusstes Management (BAUM), dem inzwischen fast 500 Unternehmen angehören – darunter jedes vierte der hundert größten deutschen Unternehmen. Freilich ist aus BAUM längst ein eigenes kleines Imperium geworden, was wiederum unmöglich wäre, gäbe es nicht Maximilian Gege, Geschäftsführer von BAUM und einst in Winters Betrieb Direktor für Planung und Umwelt. Damals entwickelte Gege das Berufsbild des Umweltberaters für Haushalte. Heute organisiert er die Beratung und den Erfahrungsaustausch von Unternehmen, kümmert sich mit einem Klub namens Emil Grünbär um die Umwelterziehung von Kindern, ist gerade dabei, einen Naturlehrpfad von Rügen bis zum Bayerischen Wald zu planen und lehrt Kommunen wie Krankenhäuser, Kosten zu sparen und gleichzeitig die Umwelt zu entlasten – mit verblüffenden Resultaten: Allein in den deutschen Kliniken ließen sich auf diese Weise jährlich fünf Milliarden sparen.
Zwar wurde BAUM 1991 vom Umweltprogramm der Vereinten Nationen in die *Global 500 Roll of Honour* aufgenommen; doch Winter, Erster Vorsitzender von BAUM, wusste schon damals nur zu genau, dass die Gleichung »Profit mit Umweltschutz« nicht ad infinitum aufgeht. Von der Erkenntnis, dass unter den herrschenden Rahmenbedingungen selbst der gutwilligste Unternehmer nicht wirklich nachhaltig wirtschaften kann, bis zur Gründung von INEM war es deshalb für ihn nur ein kleiner logischer Schritt. INEM bedeutet International Network for Environmental Management, und sein Geschäftsführer Troy Davis vereint mittlerweile 28 ökologisch gesinnte Unternehmerverbände auf allen fünf Kontinenten.
Das Ziel, unter anderem: gegenüber den traditionellen Wirtschaftsverbänden ein Gegengewicht zu schaffen, damit die Politiker endlich die notwendigen Schritte ergreifen können: beispielsweise dem Umweltminister ein Vetorecht im Kabinett einzuräumen: der Sicherung der Lebensgrundlagen von Menschen, Pflanzen und Tieren Verfassungsrang zu geben: Umweltverbänden ein Klagerecht gegen Umweltschädiger zuzubilligen; oder – wie sonst soll Winters Idee der Biokratie Wirklichkeit werden – endlich die ökologische Steuerreform auf den Weg zu bringen.
Außerdem denkt er schon über ganz neue Projekte nach: »Tempel der Erde« hat er sein Vorhaben genannt, bei der Expo 2000 mit Muslimen und Hindi über Umweltmanagement zu debattieren.

Die Zeit – Nr. 41 vom 6. 10. 1995. – a. a. O. – S. 27 f.

1) Was veranlasste Vorholz einen Artikel über den Unternehmer Georg Winter zu schreiben?
2) Wie beurteilen Sie den Einsatz dieses Unternehmers?

Günter Altner · Der Diskurs zwischen Öffentlichkeit und Wissenschaft

An vielen Stellen fühlt sich der Bürger durch das Rationalitätsmonopol der Wissenschaften und das damit in Verbindung stehende Interessenmonopol der Wirtschaft überfahren. Er, der einerseits konsumatorischer Nutznießer des technisch-industriellen Fortschritts ist, fühlt sich gleichzeitig durch diesen Fortschritt bedroht. Die Lebensverträglichkeit des wissenschaftlich-technischen Fortschritts steht auf vielfältige Weise (Umweltverträglichkeit, Sozialverträglichkeit, internationale Verträglichkeit, generative Verträglichkeit) zur Diskussion. Dabei fragt eine überraschend große Anzahl von Menschen nicht nur nach der eigenen Sicherheit, sondern eben auch nach den Lebensrechten der Dritten Welt, der kommenden Generationen und der nichtmenschlichen Kreaturwelt.

Dieses Ausufern der Betroffenheit und Besorgnis hängt nicht nur mit der weltweiten Anwendung von Technik zusammen, sondern vor allem auch mit der immer tiefgründigeren Durchdringung und Zurichtung der irdischen Lebenswelt durch Technik. Längst hat die Technik ihren untergeordneten Charakter als Mittel zum Zweck verloren und ist zum zivilisatorischen Selbstzweck geworden, zum »gesellschaftlichen Projekt«, wie Bierter sagt. Wer beispielsweise Atomtechnik betreibt, der hat sich für ein System entschieden, in dem kriegerische und zivile Nutzung untrennbar verbunden sind, in dem Entsorgungszwänge auf Jahrhunderttausende bestehen, in dem Techniker und Ingenieure über Generationen hinweg unmenschlich fehlerfrei arbeiten müssen, damit die Sicherheit der Gesellschaft hinreichend gewährleistet bleibt.

Wenn die Menschen in der Gesellschaft gegen ein solches Projekt und seine weit greifenden Folgen protestieren, sind ihre Argumente zunächst nicht wissenschaftlich und nicht technisch begründet. Sie sind biografisch, sozial, lebensweltlich und politisch bedingt und entspringen aus der unmittelbaren Betroffenheit. Und genau das macht die Bedeutung dieser Argumente aus. Hier wird im Gegensatz zu der eng geführten Rationalität des wissenschaftlich-technischen Sachverstandes die Breite der gesellschaftlichen Erfahrung – teils rational begründet, teils emotional bewegt – ins Feld geführt. Vermittelt durch solche Einreden werden Handlungsalternativen und bislang übersehene Gestaltungsmöglichkeiten erörterbar: Warum immer mehr atomare Großkraftwerke? Wäre es nicht vernünftiger, Energie erst einmal besser zu nutzen und den so gesenkten Energiebedarf möglichst schnell mit erneuerbaren Energien zu decken?! Oder: Ist es verantwortlich, die durch die steigende Chemieproduktion bedingten Stoffströme über die Anreicherungsketten immer tiefer in die Natur eindringen zu lassen? Ist es nicht längst an der Zeit, angesichts der wachsenden Stoff- und Mülllawine über Vermeidungsstrategien zu sprechen und bestimmte Stoffgruppen ganz aus der Produktion zu nehmen?! Oder: Ist es ehrlich und angemessen, die Anwendung der Gentechnik einfach als Fortsetzung der natürlichen Evolution zu deklarieren? Werden durch den ungehemmten und weit greifenden Gebrauch der Gentechnik über alle Artgrenzen hinweg nicht doch die langsame Gangart der Evolution und die durch sie erreichten Anpassungen und Gleichgewichte erheblich gestört und unwiederbringlich gestürzt?! Und mehren sich nicht auch die Anzeichen dafür, dass die allgemeine gentechnische Programmierungssucht auch den Menschen erreichen und verändern wird?

Es müssen Regeln und Vorschriften für einen Prozess der Prüfung, Bewertung und Konsensfindung entwickelt werden, einen Prozess, bei dem die Einwände und Überlegungen aller Positionen vergleichbar gemacht werden.

Es kann auf Dauer nicht gut gehen, wenn bei der hartnäckigen Beibehaltung alter Technologien und der Einführung neuer Technologien die Befürworter der Wirtschaftlichkeit nur auf der einen und die Befürworter der Schöpfungsgemäßheit nur auf der anderen Seite zu finden sind. Eine partizipative Streitkultur in dem eben skizzierten Sinne verlangt ein gehöriges Maß an Abwägen, Geltenlassen und Dialogoffenheit. Reinhard Ueberhorst hat zwei verschiedene Argumentationstypen, die positionell angelegte und die diskursiv angelegte Argumentation, unterschieden.

Die diskursiv angelegte Argumentationsweise charakterisiert die Austragungsmuster, mit denen die Bioethik als basisdemokratische Einrede zugunsten des Lebens votiert. Zweck und Mittel müssen in Einklang stehen. Die Argumente zugunsten des Lebens können nur dann überzeugen, wenn sie tolerant, offen und unter sorgfältiger Kenntnisnahme des gegnerischen Standpunktes vertreten werden. Dabei droht die Bioethik »in das Messer« harter Interessenstandpunkte und lobbypolitischer Argumentationsstrategien zu laufen. Sitzt sie doch ohnehin gegenüber dem gemeinsamen Interessenmonopol von Wissenschaft, Wirtschaft und Politik am kürzeren Hebel. Das ist ihr Risiko.

Es wäre überlebenswichtig, der bioethischen Argumentation mehr »Gestaltungsmacht von unten« (Bierter) dadurch zu verleihen, dass die basisdemokratischen Mitgestaltungsmöglichkeiten verbessert werden. Hier sind eine ganze Reihe von Maßnahmen empfehlenswert:

– Innovative Foren auf Gemeinde-, Landes- und Bundesebene, um die in Gang befindlichen Planungsprozesse (z. B. auf den Sektoren Energie, Verkehr, Chemie, Biotechnologie, Abfall, Landwirtschaft) einer Prüfung auf Alternativen zu unterwerfen.
– Einrichtung von zusätzlichen Parlamentskommissionen (auch Enquête-Kommissionen), in denen nicht die Parteien und »ihre« Wissenschaftler, sondern die Vertreter sozialer und ökologischer Schutzinteressen (unter Einschluss der Gewerkschaften und Kirchen) und alternativer Forschungsgruppen Sitz und Stimme haben.
– Volksbefragung als Instrument einer zusätzlichen Vergewisserung bei herausragenden Problemfällen in der Technologieentwicklung.
– Verstärkte Beteiligung der Öffentlichkeit bei Genehmigungsverfahren für technische Anlagen.
– Verbesserung der Klagemöglichkeiten (Verbandsklage) für Natur- und Umweltschutzverbände.

Altner, Günter: Naturvergessenheit. – a. a. O. – S. 175 f.

1) Warum hält es Altner für notwendig, die Öffentlichkeit an Entscheidungen über Einführung und Handhabung wissenschaftlich-technischer Projekte zu beteiligen?

2) Der Autor empfiehlt Maßnahmen zur Beteiligung der Öffentlichkeit. Können Sie allen Maßnahmen zustimmen, oder würden Sie einige ausnehmen? Begründen Sie Ihren Standpunkt durch Hinweise auf aktuelle Beispiele.

3) Gegen die Installierung basisdemokratischer Mitgestaltungsmöglichkeiten bei der Einführung neuer bzw. Ablösung alter Technologien wird oft eingewandt, dass Deutschland damit seine wirtschaftliche Position in der Welt einbüßen könnte. Begründen Sie Ihren Standpunkt zu diesem Problem!

6 Wege in die Zukunft

Vogelschützer bein Einsammeln toter, ölverschmutzter Vögel an der Küste der Ostseeinsel Fehmarn

Brennholzsammeln in Afrika

6.1 Der Weg internationaler Konventionen
Umweltmaßnahmen in der 2. Hälfte des 20. Jahrhunderts, Daten und Fakten

1952 London Smog in London; 4000 Tote, Verbot der Kaminfeuerung

1959 BRD »Vereinigung deutscher Wissenschaftler« gegründet: zwei wichtige Ziele waren Abrüstung und Umweltschutz. Den Anstoß hatte eine Organisation in Kanada gegeben: Pugwash

1970 USA Clean Air Act; das Ergebnis einer Umweltbewegung, der Conservation Foundation, im Zusammenhang mit der Veröffentlichung eines Buches von Rahel Carson: »Der stumme Frühling«, in dem Umweltsünden aller Art angeprangert werden. DDT ist in der Nahrungskette, Gefahr für den Weißkopfadler, Wappentier der USA

1971 Kanada Gründung von Greenpeace; Ziel: Rettung der Wale und Robben

1971 Rom Der Club of Rome veröffentlicht einen Bericht von Dennis und Danella Meadows: »Die Grenzen des Wachstums«, eine entschiedene Warnung vor Rohstoffknappheit und Umweltverschmutzung.

1972 USA Clean Water Act

1972 Laxenburg (Wien) »Internationales Institut für angewandte Systemanalyse« gegründet; Methoden zur Umweltanalyse werden erarbeitet.

1972 Stockholm UNO-Umweltkonferenz; aktuelles Thema: Der saure Regen

1972 BRD Abfallbeseitigungsgesetz

1973 Indien Chipko-Bewegung. Chipko = Umarmen von Bäumen. In Uttar Pradesh verhindern Frauen das Abholzen durch Umarmen von Bäumen.
1973 EG Detergentienrichtlinie
1974 BRD Bundes-Immissionsschutzgesetz
1975 EG Abfallrahmenrichtlinie
1976 BRD Bundesnaturschutzgesetz
1976 EG Gewässerschutzrichtlinie
1978 EG Benzin-Blei-Richtlinie; Sonderabfallrichtlinie
1980 USA »Global 2000«. Bericht einer Umweltkommission an Präsident Jimmy Carter
1982 EG Soweso-Richtlinie; Folge der Giftgasexplosion in Italien
1982 BRD Waldsterben wird wichtigstes Thema. Verschärfung der Gesetze zur Luftreinhaltung
1982 Bremen 1. Nordseekonferenz; Verbot der Ölverklappung
1985 Antarktis Ausdünnung der Ozonschicht wird festgestellt; FCKW und Halogene als Ursachen erkannt
1986 Washington »Konferenz zur Rettung der Artenvielfalt«. Eine Kommission bereitet eine Konvention für Rio vor, die 1992 fast alle Länder außer den USA unterschreiben.
1986 UdSSR Tschernobyl, GAU eines Kraftwerkteils; große Teile Europas sind dadurch atomverseucht.
1987 BRD Bericht der Enquêtekommission »Chancen und Risiken der Gentechnik«; Beschränkung in der Freisetzung von genmanipulierten Pflanzen wird beschlossen.
1987 London 2. Nordseekonferenz. Beschluß über Kläranlagen aller Anrainerstaaten
1987 UNO »Common Future«, Bericht der Weltkommission für Umwelt und Entwicklung unter Führung der norwegischen Ministerpräsidentin Gro Harlem Brundtland; Grundlage der Konferenz von Rio 1992
1988 Algenpest in Nordsee, Ostsee, Mittelmeer; großes Robbensterben
1988 BRD Bericht der Enquête-Kommission des Deutschen Bundestages »Vorsorge zum Schutz der Erdatmosphäre«
1988 Hamburg Internationale Klimakonferenz. Konsens: Erwärmung der Erde 0,3 Grad pro Jahrhundert. Forderung: Halbierung der Treibhausemissionen
1990 Den Haag 3. Nordseekonferenz; Beschluss über biologische Kläranlagen; Reduktion der meisten Schadstoffe auf 50 % innerhalb von 10 Jahren
1992 Rio de Janeiro UNO-Konferenz für Umwelt und Entwicklung (UNITED = United Nations Conference for Environment and Development) Beschluss: »Agenda 21«. Die BRD verspricht, den CO_2-Ausstoß bis 2005 um 25 % zu senken.
1992 Madrid Weltenergie-Konferenz; Forderung: Abbau der Atomenergie und Entlastung der Treibhausemissionen
1995 Berlin UNO-Klimakonferenz; Beschluss über CO_2-Minderung. Die BRD fordert für 1997 ein völkerrechtlich verbindliches Protokoll, das alle Treibhausgase erfasst und Verminderungsziele festhält.

Weizsäcker, Ernst U. von : Erdpolitik. Ökologische Realpolitik an der Schwelle zum Jahrhundert der Umwelt. – Darmstadt: Wissenschaftliche Buchgesellschaft, 1990.
Der Spiegel. – Hamburg: Spiegel-Verlag.
Die Zeit. – Hamburg: Zeitverlag.

1) Welche Ereignisse und Katastrophen haben den Umweltgedanken geweckt, die Umweltkonferenzen und entsprechende Gesetzgebungen gefördert?
2) Wie hat sich bisher die BRD in Sachen Umwelt engagiert? Wie sollte sie sich künftig Ihrer Meinung nach engagieren?
3) Was ist am wirkungsvollsten für unsere Umwelt, nationales oder internationales Vorgehen, Beschlüsse der UNO-Konferenzen oder Kampagnen privater Organisationen, wie z. B. Greenpeace? Begründen Sie Ihre Ansicht und nennen Sie Beispiele.

Die Erklärung von Rio de Janeiro (Auszüge)

Präambel

Die Konferenz der Vereinten Nationen über Umwelt und Entwicklung
– die vom 3. bis 14. Juni 1992 in Rio de Janeiro tagte
– die die Deklaration der ersten Umweltkonferenz der Vereinten Nationen, verabschiedet am 16. Juni 1972 in Stockholm, bestätigt und die sich bemüht, darauf aufzubauen
– mit dem Ziel, eine neue und gleichberechtigte globale Partnerschaft durch den Aufbau neuer Kooperationsebenen zwischen Staaten, Schlüsselsektoren der Gesellschaft und Bevölkerung zu schaffen
– und darauf hinarbeitet, internationale Vereinbarungen zu treffen, die die Interessen aller berücksichtigen und die Einheit des globalen Umwelt- und Entwicklungssystems schützen
– die die Einheit und wechselseitige Abhängigkeit der Natur der Erde, unserer Heimat, anerkennt
– proklamiert:

Grundsatz 1

Menschen stehen im Mittelpunkt der Bemühungen um eine nachhaltige Entwicklung. Ihnen steht das Recht auf ein gesundes und produktives Leben in Einklang mit der Natur zu.

Grundsatz 2

Die Staaten besitzen in Übereinstimmung mit der Charta der Vereinten Nationen und den Grundsätzen des internationalen Gesetzes das souveräne Recht, ihre eigenen Ressourcen auszuschöpfen, gemäß ihrer eigenen Umwelt- und Entwicklungspolitik, und sie tragen die Verantwortung dafür, dass Aktivitäten innerhalb ihrer Gerichtsbarkeit oder Kontrolle der Umwelt anderer Staaten oder Gebiete außerhalb der Grenzen der nationalen Gerichtsbarkeit keinen Schaden zufügen.

Grundsatz 3

Das Recht auf Entwicklung muß derart verwirklicht werden, dass die Bedürfnisse gegenwärtiger und zukünftiger Generationen auf Entwicklung und Umwelt gerecht erfüllt werden.

Grundsatz 4

Um eine nachhaltige Entwicklung zu erreichen, soll der Umweltschutz ein fester Bestandteil des Entwicklungsprozesses werden, der nicht isoliert davon betrachtet werden kann.

Grundsatz 5

Alle Staaten und alle Menschen sollen – das ist eine unerlässliche Voraussetzung für nachhaltige Entwicklung – bei der wesentlichen Aufgabe zusammenarbeiten, die Armut auszurotten, um Unterschiede im Lebensstandard zu verringern und besser die Bedürfnisse der Mehrheit der Menschen auf dieser Welt zu befriedigen.

Grundsatz 6

Der besonderen Situation und den Bedürfnissen der Entwicklungsländer, vor allem der ärmsten und derjenigen, deren Umwelt besonders gefährdet ist, soll Vorrang eingeräumt werden. Internationale Aktionen im Bereich Umwelt und Entwicklung sollen auf die Interessen und Bedürfnisse aller Länder Rücksicht nehmen.

Grundsatz 7

Die Staaten sollen im Geiste einer globalen Partnerschaft zusammenarbeiten, um die Gesundheit und Einheit des Ökosystems der Erde zu erhalten, zu schützen und wiederherzustellen. Angesichts der Tatsache, dass sie unterschiedlich zur globalen Verschlechterung der Umwelt beitragen, ist den Staaten eine gemeinsame, aber differenzierte Verantwortung auferlegt. Die Industrieländer erkennen die Verantwortung an, die sie im internationalen Bestreben nach nachhaltiger Entwicklung tragen, in Anbetracht der Belastungen, die ihre Gesellschaften der Umwelt der ganzen Welt zufügen und der Technologien und finanziellen Ressourcen über die sie verfügen.

Grundsatz 8

Um eine nachhaltige Entwicklung und eine höhere Lebensqualität für alle Menschen zu erreichen, sollen die Staaten nicht nachhaltige Produktionsweisen und Verbrauchsformen abbauen und beseitigen, ferner eine angemessene Bevölkerungspolitik fördern.

Grundsatz 10

Umweltprobleme werden am besten behandelt, wenn alle betroffenen Bürger auf der jeweils relevanten Ebene einbezogen werden. Auf nationaler Ebene soll jedem Individuum angemessener Zugang zu Umweltinformationen, die bei Behörden erhältlich sind, einschließlich Informationen über gefährliche Materialien und Aktivitäten in den Gemeinden, eingeräumt werden, und jedem Individuum sollte die Möglichkeit geboten werden, an Entscheidungsprozessen teilzunehmen. Die Staaten sollen die Aufmerksamkeit und die Beteiligung der Öffentlichkeit ermöglichen und anregen, indem sie Informationen allgemein zugänglich machen. Außerdem soll ein effektiver Zugang zu gerichtlichen und administrativen Verfahren einschließlich Wiedergutmachung und Rechtsmittelbehelf vorgesehen werden.

Grundsatz 13

Die Staaten sollen nationale Gesetze zur gerichtlichen Verfolgung der Verursacher und zur Entschädigung der Opfer von Umweltverschmutzung oder anderen Umweltschäden erlassen. Die Staaten sollen ferner rasch und entschlossen zusammenarbeiten, um weitere internationale Gesetze zu beschließen, die Haftung und Entschädigung für negative Folgen der Umweltverschmutzung regeln, hervorgerufen durch Aktivitäten innerhalb ihrer Gerichtsbarkeit oder Kontrolle, die Auswirkungen auf Bereiche außerhalb ihrer Rechtsprechung haben.

Grundsatz 27

Staaten und Menschen sollen vertrauensvoll und im partnerschaftlichen Geist bei der Erfüllung der Grundsätze, die in dieser Deklaration enthalten sind, und bei der weiteren Entwicklung des internationalen Gesetzes auf dem Gebiet einer nachhaltigen Entwicklung zusammenarbeiten.

Ein Gipfel für die Erde. – In: Zeit-Schriften Nr. 1/hrsg. v. Dr. Marion Gräfin Dönhoff; Helmut Schmidt. – Hamburg: Zeitverlag, 1992. – S. 94 f.

Vladimir Renčin: Die Last der Hedonisten

1) Warum ist die »globale Partnerschaft« wichtig? Wo wird das in der Erklärung besonders deutlich? Nennen Sie konkrete Beispiele aus eigener Kenntnis.

2) In welchen Zusammenhängen werden die Begriffe »Verantwortung« und »nachhaltige Entwicklung« verwendet? Versuchen Sie, die beiden Begriffe zu definieren und an Beispielen zu erläutern.

3) Wie können diese Grundsätze in konkretes Handeln umgesetzt werden? Welche Ansätze finden sich dafür in der Erklärung selber?

4) Erkunden Sie, welche Veränderungen zur Bewältigung der globalen Umweltprobleme seit der Konferenz von Rio in Gang gesetzt wurden!

Fritz Vorholz · Probleme vertagt

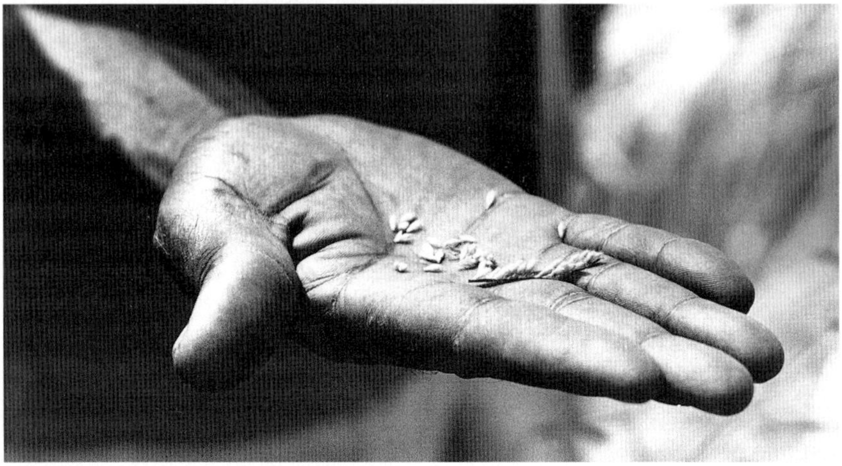

Spärliche Ernte in Obervolta (Westafrika)

Die Menschen leben zwar auf einem Planeten, aber in zwei Welten. Die Priviligierten haben in ihrer Unersättlichkeit die Erde ausgeplündert. Die Habenichtse freveln an der Natur, weil sie um ihre Existenz kämpfen. In Rio setzten Nord und Süd das gemeinsame Überleben erstmals auf die Tagesordnung der Weltpolitik. Doch an beiden Übeln, Elend und Überfluss, wird sich nach dem Erdgipfel zu wenig ändern. Das Rio-Treffen war als Konferenz über Umwelt und Entwicklung geplant. Tatsächlich zählte die Stimme der armen Mehrheit der Menschen kaum. Deshalb sind auch die Beschlüsse zum Umweltschutz weniger wert, als die Papiere versprechen. Solange die Welt zweigeteilt bleibt, steuern beide Hälften weiter auf den Untergang zu.

Schon vor Rio hätte niemand die Wohlhabenden daran gehindert, die Natur zu schonen und ihre Wirtschaft endlich umweltverträglicher zu organisieren. Längst hätten die Industriestaaten vereinbaren können, ihre Misswirtschaft auf Kosten künftiger Generationen zu beenden. Stattdessen drücken sich auch nach Rio die meisten davor, endlich die Energiepreise drastisch zu erhöhen, um den Treibhauseffekt zu bekämpfen.

In der Dritten Welt sind Hunger und Elend nicht nur Ursache, sondern auch Folge der Umweltzerstörung. Die Bekenntnisse zum Umweltschutz, denen die Entwicklungsländer in Rio zustimmten, liegen deshalb in ihrem eigenen Interesse. Aber solange hunderte Millionen Menschen in absoluter Armut leben, wird sie auch weiterhin niemand daran hindern können, die Wälder zu roden, die Flüsse zu verseuchen und mehr Kinder in die Welt zu setzen, als die Natur auf Dauer vertragen kann. Wer nur eines tun will, entweder die Natur schützen oder die Armut bekämpfen, muss an der Wechselwirkung zwischen Umwelt und Entwicklung, von Ökozid und Massenelend scheitern.

Auch in Rio hat die Völkergemeinschaft noch nicht zu einem neuen Stil der Nord-Süd-Kooperation gefunden. Vielmehr rangen die Staatsmänner bis zuletzt verbissen miteinander darüber, wann der Norden endlich jene Marke von öffentlicher Entwicklungshilfe und globaler Solidarität erreichen soll, auf die man sich schon vor über zwanzig Jahren geeinigt hatte: 0,7 Prozent des Sozialprodukts. Dem Engagement des Bonner Umweltministers Klaus Töpfer ist es mit zu verdanken, dass in Zukunft

wenigstens eine Kommission darüber wachen wird, welche Fortschritte auf dem Weg zu diesem Ziel gemacht werden.
Aber das Heil kommt nicht allein von neuen Schecks. Notwendig ist vor allem ein neues Denken, das den Rahmen für die Überlebenspolitik schafft: Erstens müssen die Preise in Zukunft die ökologische Wahrheit sagen. Zweitens muss der Norden seine protektionistischen Handelspraktiken abschaffen und dem Süden den Zugang zu seinen Märkten erleichtern. Drittens müssen die Eliten im Süden endlich Konsequenzen daraus ziehen, dass Korruption oft der größte Feind jeglicher Entwicklung ist.
Alle drei Herausforderungen verlangen vermeintliche Besitzstände aufzubrechen. Doch diesen politischen Preis zu zahlen, war in Rio noch niemand bereit. Stattdessen übertrafen sich die Staatsmänner aus 17 Ländern darin, die Menschheit auf die Zukunft und den Folgeprozess des Erdgipfels zu vertrösten. Die Moral von Rio kann deshalb nur heißen: Die Redner müssen nicht an ihren Versprechungen, sondern an ihren Taten gemessen werden. Sonst erweist sich der viel beschworene Aufbruch nur als verlogener Mythos von Rio.

Ein Gipfel für die Erde. – In: Zeit-Schriften. – a. a. O. – S. 92 f.

1) Inwiefern kann der Verfasser zu Recht von »zwei Welten« auf einem Planeten sprechen? Erläutern Sie diese Aussage mit Hinweisen auf Grundsätze der Erklärung von Rio und aus eigener Sachkenntnis.
2) Vorholz sagt, dass ein »neues Denken« notwendig sei. Was könnte damit gemeint sein? Gibt es Anzeichen dafür? Begründen Sie Ihren Standpunkt.

6.2 Verzicht oder Wachstum?
BUND/Misereor · **Ein Beitrag zu einer global nachhaltigen Entwicklung**

Weltweit scheint die industrielle Produktion auf unerbittliches Wachstum getrimmt zu sein. Die große Mehrzahl der Länder und Menschen strebt danach, das Niveau des materiellen Wohlstands in den westlichen Industriestaaten zu erreichen, und zwar durch Industrialisierung ihrer Wirtschaft nach westlichem Vorbild. Da diese Wünsche für – nicht zuletzt auch westliche – Unternehmen wachsende Märkte bedeuten und die Wünsche in weitgehender Übereinstimmung mit der gegenwärtigen wirtschaftlichen und politischen Rhetorik stehen, scheint ein weltweites Produktionswachstum unvermeidlich zu sein. Diese Aussicht kann mit dem Grundsatz der internationalen Chancengleichheit auch moralisch gerechtfertigt werden. Die ungebrochene Dominanz des westlichen Wohlstandsmodells birgt die Gefahr in sich, dass die gegenwärtigen Produktions- und Konsummuster endgültig zu schwer wiegenden Störungen der ökologischen Systeme führen, wenn sie sich global durchsetzen. Der alte Traum des Westens ist ausgeträumt. Auf Kosten der Natur zu wirtschaften, schädigt den eigenen Wohlstand im Westen und denjenigen künftiger Generationen und erschwert den Ländern des Südens den Zutritt zur Weltwirtschaft und die Teilhabe an ihr.

Sustainable Development
Sustainability – Zukunftsfähigkeit
Im deutschen Sprachraum existiert keine einheitliche Übersetzung von Sustainability. In dieser Studie werden die Begriffe »zukunftsfähige Entwicklung/Zukunftsfähigkeit« verwendet. Sie haben den Vorteil, dass sie über die

umweltpolitische Diskussion hinausweisen. Auch können sie sprachlich unvoreingenommener mit Deutschland in Verbindung gebracht werden als beispielsweise »nachhaltig« oder »dauerhaft«.

Auf einen Sachverhalt soll deutlich hingewiesen werden. Zukunftsfähigkeit ist ein normatives Konzept und erfordert mindestens ein Werturteil. Warum sollte man künftigen Generationen die Möglichkeiten zu einer eigenständigen Gestaltung ihres Lebens geben? Es ist eine ethische Entscheidung, gleiche Lebenschancen für künftige Generationen zu befürworten. Für diese Entscheidung sprechen gute Gründe, nicht zuletzt auch ein aufgeklärter Eigennutz, wenn man etwa an eigene Kinder oder Enkel denkt.

An der Rio-Erklärung über Umwelt und Entwicklung von 1992 können recht deutlich die Stärken und Schwächen der Diskussion über eine zukunftsfähige Entwicklung abgelesen werden. Zweifelsohne gehören zu den Stärken der Rio-Erklärung die Einsicht über die Notwendigkeit eines neuen, umweltverträglichen Wohlstandsmodells, die Anerkennung einer besonderen Verantwortung der Industrieländer, die starke Betonung sozialer Werte und die weltweite Anerkennung des Vorsorgeprinzips. Unbefriedigend bleiben das weitgehende Fehlen verbindlicher Schutzziele für wichtige Ökosysteme und verbindlicher Fahrpläne für die Verringerung umweltbelastender Aktivitäten. Letzten Endes fehlen bisher konkrete, handlungsleitende Perspektiven, wie sich die westlichen Industrieländer verändern sollen und können.

Aus der Sustainability-Debatte lässt sich die Frage ableiten: Welche Umwelt will der Mensch? In der Diskussion darüber kann man zwei Positionen unterscheiden; beide sind ökonomisch geprägt. Die erste Position geht von der Ersetzbarkeit der Natur (»Substituierbarkeit«) aus. Sie kann als »schwache Zukunftsfähigkeit« bezeichnet werden. Anhänger dieser Position argumentieren, dass künftigen Generationen quasi ein Wohlstandspaket ausgehändigt wird, welches sich aus einer kon-

Jonathan Borofsky: Der Mann, der in den Himmel geht

stanten oder ansteigenden Summe aus materiellen und natürlichem Kapital zusammensetzt. Bei einer Schädigung der natürlichen Lebensgrundlagen, in ökonomischer Terminologie einem abnehmenden Naturkapital, würde Zukunftsfähigkeit durch vermehrt produzierte Sachwerte erreicht. Sogar irreversible Schäden wie die Vernichtung von Primärwäldern oder seltenen Tierarten wären in dieser Sichtweise sustainable, solange das produzierte Kapital entsprechenden Wohlstand schaffen würde. Im Extremfall würde eine Sciencefiction-Welt ohne Natur entstehen, in der das Klima, der Wasserkreislauf oder wichtige Rohstoffe künstlich produziert würden. Diese ressourcenökonomische Position ist verengt und kann nicht aufrechterhalten werden.

Mittlerweile wird von einer wachsenden Zahl von Ökonomen anerkannt, dass ein Ersatz der Wohlstandsleistungen der Natur durch materielles Kapital nur sehr begrenzt möglich ist und dass zumindest irreversible Umweltschäden vermieden werden müssen. Anhänger der zweiten Position sprechen von einem »konstanten Naturkapital« für künftige Generationen.

Diese Position ist inzwischen weitgehend Konsens. Für die Zukunftsfähigkeit ist diese Erkenntnis ein wichtiger Schritt. So wie jeder Generation die Erde mit ihren natürlichen Ressourcen treuhänderisch übergeben worden ist, hat jede Generation die Verpflichtung, kommenden Generationen eine intakte Natur unabhängig davon zu hinterlassen, wie hoch die produzierten Wohlstandsleistungen sind. Dies ist das zweite Werturteil. Es ist nicht verhandelbar.

Das Umweltraum-Konzept: Ökologie und Gerechtigkeit

Wenn der Erhalt der natürlichen Lebensgrundlagen eine notwendige Voraussetzung für die Zukunftsfähigkeit eines Landes ist, existiert anders herum betrachtet ein natürlicher Handlungsrahmen. Er wird im Folgenden als »Umweltraum« bezeichnet. Das Konzept des Umweltraums wurde in seinen Grundzügen von Hans Opschoor in den Niederlanden entwickelt. Der Umweltraum bezeichnet den Raum, den die Menschen in der natürlichen Umwelt benutzen können, ohne wesentliche Charakteristika nachhaltig zu beeinträchtigen. Der Umweltraum ergibt sich aus der ökologischen Tragfähigkeit von Ökosystemen, der Regenerationsfähigkeit natürlicher Ressourcen und der Verfügbarkeit von Ressourcen. Damit werden physische »Neue Grenzen des Wachstums« (Meadows et al.), die sich aus der Tragfähigkeit der Ökosysteme und der Endlichkeit der natürlichen Ressourcen ergeben, ausdrücklich anerkannt. Das ist die unmittelbar einsichtige Stärke des Begriffs »Umweltraum«. Der Umweltraum kann auf der anderen Seite aber auch erweitert werden, wenn etwa verschmutzte Ökosysteme regeneriert werden, wenn über Aufforstung die Biomasse vermehrt wird, Flächen entsiegelt und Landschaften rekultiviert werden oder die Wüstenbildung rückgängig gemacht wird.

Der Begriff Umweltraum erkennt die Vielfalt der Nutzungsmöglichkeiten der natürlichen Umwelt für den Menschen an. Diese Vielfalt zu erkennen und von einseitigen Konzepten Abstand zu nehmen, ist vielleicht die wichtigste Herausforderung an künftige Entwicklungspfade. Zu diesen Funktionen gehören unter anderem die Bereitstellung von Rohstoffen, die Aufnahme von Reststoffen, die Regelung lebenswichtiger geochemischer und biologischer Kreisläufe und nicht zuletzt die Integrität und Schönheit einer Landschaft oder einzelner Arten. Als Beispiel mögen die Wälder dienen. Jahrhundertelang wurden sie vorwiegend als Holzlieferanten angesehen. Schrittweise etablierte sich zunächst eine nachhaltige Holzwirtschaft. Mittlerweile hat sich der naturnahe Waldbau entwickelt, in dem auch die Bedeutung von Wäldern für das Klima, die regionale Wassersituation, als Lebensraum für Arten und als Erholungsgebiet anerkannt wird.

Neben der ökologischen Dimension enthält der Begriff Umweltraum eine notwendige weitere Dimension: internationale Gerechtigkeit. Nicht nur die künftigen Generationen sollen gleiche Rechte auf eine intakte Natur erheben dürfen. Auch innerhalb einer Generation soll weltweite Chancengleichheit als konstitutiv angesehen werden. Jeder Mensch hat das gleiche Recht auf eine intakte Umwelt. Im Umkehrschluss wird abgeleitet, daß jeder Mensch das gleiche Recht hat, global zugängliche Ressourcen in Anspruch zu nehmen, solange die Umwelt nicht übernutzt wird. Nach den gleichen Rechten für künftige Generationen und der treuhänderischen Übergabe einer intakten Natur ist dies das dritte Werturteil im Konzept »Zukunftsfähigkeit«. Die Dimension der internationalen Gerechtigkeit erschwert keineswegs die Realisierung des Umweltraum-Konzepts. Im Gegenteil, erst mit ihrer Einbeziehung wird dem Gedanken einer Integration sozialer Aspekte Rechnung getragen und das Fundament zu einem Interessenausgleich mit den Ländern des Südens gelegt.

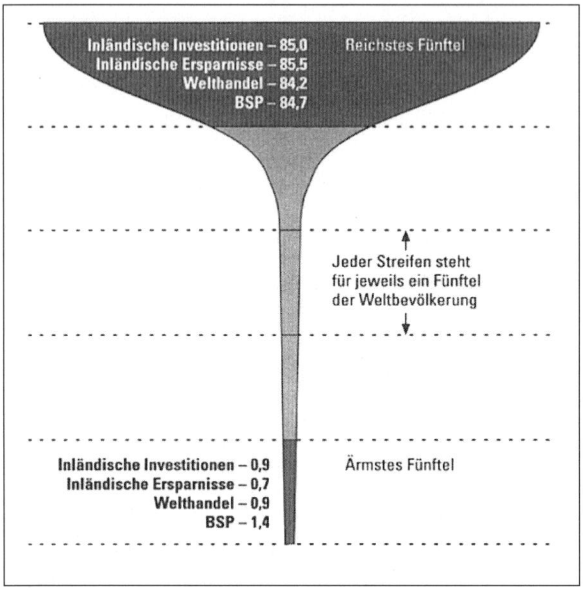

Aufteilung der Wirtschaftsaktivität zwischen Nord und Süd, 1991 (Prozentsatz der Globalsumme) Quelle: UNDP, 1994

Ausgleich zwischen Norden und Süden

Ein Deutschland auf dem Wege zur Zukunftsfähigkeit wird zunächst einmal darauf achten, welche Auswirkungen seine bisherige Lebens- und Wirtschaftsweise, einschließlich seiner Handelspolitik, auf die Länder des Südens gehabt hat, noch heute hat und haben wird, und zwar sowohl auf ihre Umwelt als auch auf die Wohlfahrt und die Rechte der dort Lebenden. Zur Zukunftsfähigkeit gehört, dass Bürgerinnen und Bürger, Parlament und Regierung in Deutschland

a) genau hinsehen lernen, was dort durch ihre aktive Einwirkung oder durch ihre Tatenlosigkeit mit der Natur und den Menschen geschehen ist;

b) dem Süden nicht länger Belastungen auferlegen, die sie als ein Teil des Nordens selbst zu tragen haben;

c) diesen Ländern und Menschen die ihnen zukommenden Chancen und Rechte zuerkennen,

d) die Länder des Südens darin unterstützen, ihren eigenen Weg zur Zukunftsfähigkeit zu finden.

Der Blick konzentriert sich dabei auf die armen Länder des Südens. Die Entwicklung der ihr der Dritten Welt angehörenden Länder geht inzwischen weit auseinander, eine Reihe der sogenannten Schwellenländer und der Ölländer rücken nahe an die Industrieländer heran und werden in ihren Problemen wie ihren Chancen diesen vergleichbar. Aber das ist die Minderheit. Die weit größere Zahl der Länder im Süden ist aus unterschiedlichen Gründen, zu denen auch eigenes Verschulden gehört, in tiefe Armut und Abhängigkeit geraten und hat, selbst bei starken inneren Reformen, wenig Aussicht, ihr Leben und ihre Zukunft nach ihren eigenen Vorstellungen zu gestalten – es sei denn, die Außenbeziehungen und globalen Bedingungen, denen sie unterworfen sind, werden zu ihren Gunsten geändert und fairer angelegt (Abbildung S. 98). Das aber hängt an der Einsicht der Industrieländer in ihre ursächliche Mitwirkung an dieser Situation und an ihrer Bereitschaft zum Chancenausgleich. Überdies kann der Mensch von der Natur lernen. In ihr gibt es keine Abfälle, sie ist die unbestrittene Meisterin komplexer Systeme, sie entwickelt die effizientesten Umwandlungssysteme, sie kennt eine dynamische Balance zwischen Wettbewerb und Kooperation, zwischen Vielfalt und Grenzen, zwischen Produktion und Reproduktion. Produktivität in der

Natur berücksichtigt Kriterien wie Anpassungsfähigkeit, Synergiefähigkeit, Stressausgleich und Erhalt des Ordnungsniveaus. Es ist eine ganz andere Produktivität als die ökonomische. Eine stärkere Nutzung erneuerbarer Rohstoffe ist so gesehen erst der Beginn einer zukunftsfähigen Wirtschaftsweise.

Wirklich zukunftsfähig werden Wirtschaft und Gesellschaft erst dann, wenn neben der Energieerzeugung und der Stoffnutzung auch ihre Verfahren, Systeme, Rhythmen und Ordnungsprinzipien in natürliche Prozesse eingebunden sind. In dieser Hinsicht sind der ökologische Landbau, die naturnahe Waldwirtschaft, die sanfte Chemie sowie verschiedene solare Energiequellen vielversprechende Ansätze. In der Technologieentwicklung, im Design und in der Architektur machen sich ebenfalls Prinzipien wie die Bionik, die Biomimetik oder die Biokatalysatortechnik bemerkbar.

Der Wandel zur Zukunftsfähigkeit: Vom Tanker zum Segelschiff

Die heutige schwerfällige, materialintensive und auf fossilen Energieträgern beruhende Wirtschaft ähnelt einem Tanker. Ein Segelschiff hingegen erfüllt die genannten Grundsätze einer zukunftsfähigen Wirtschaft auf eine geradezu kunstvolle Weise. Sein Design erlaubt ihm eine Beweglichkeit, die sich weitestgehend auf die Natur stützt, anstatt ihr Gewalt anzutun. Es kommt mit deutlich weniger Stoff- und Energieeinsatz aus. Seine Beweglichkeit hängt jedoch neben der Windenergie und dem Design wesentlich vom Team an Bord ab. Ohne eine allgemeine (und quantitative!) Orientierung über einen Kompass oder andere Navigationsinstrumente, ohne eine Selbstbeschränkung der Ladung (Rucksäcke!) und vor allem ohne die aktive Arbeit der Menschen an Bord kann der Kurs nicht eingehalten werden.

Zukunftsfähiges Deutschland. Eine Studie des Wuppertaler Instituts für Klima, Umwelt, Energie/hrsg. v. BUND/Misereor. – Basel; Boston; Berlin: Birkhäuser Verlag, 1996. – S. 23 ff.

1) Wodurch sah man früher, wodurch sieht man heute das »Wohlstandsmodell« am meisten gefährdet?
2) Die Frage: Welche Zukunft will der Mensch? hat zu zwei unterschiedlichen Positionen geführt. Welche sind es? Wie sind sie zu bewerten?
3) Was bedeutet der Begriff »Umweltraum«?
4) Warum ist der »Ausgleich zwischen Norden und Süden« so wichtig? Erklären Sie in diesem Zusammenhang die entsprechende Abbildung und nennen Sie Beispiele für die »5 Streifen«.
5) Wie beurteilen Sie die »umweltpolitischen Ziele eines zukunftsfähigen Deutschland«? (Übersicht auf S. 100)
6) Deuten Sie die Metapher des Wandels »vom Tanker zum Segelschiff«!

Umweltpolitische Ziele eines zukunftsfähigen Deutschlands

Umweltindikator	Umweltziel *kurzfristig 2010*	*langfristig (2050)*
RESSOURCENENTNAHME		
Energie		
Primärenergieverbrauch	mindestens –30 %	mindestens –50 %
Fossile Brennstoffe	–25 %	–80 bis 90 %
Kernenergie	–100 %	
Erneuerbare Energien	+ 3 bis 5 % pro Jahr	
Energieproduktivität [1]	+ 3 bis 5 % pro Jahr	
Material		
Nicht erneuerbare Rohstoffe	–25 % –80 bis 90 %	
Materialproduktivität [2]	+ 4 bis 6 % pro Jahr	
Fläche		
Siedelungs- und Verkehrsfläche	• absolute Stabilisierung • jährl. Neubelegung: –100 %	
Landwirtschaft	• flächendeckende Umstellung auf ökologischen Landbau • Regionalisierung der Nährstoffkreisläufe	
Waldwirtschaft	• flächendeckende Umstellung auf naturnahen Waldbau • verstärkte Nutzung heimischer Hölzer	
STOFFABGABEN/EMISSIONEN		
Kohlendioxid (CO2)	–35 %	–80 bis 90 %
Schwefeldioxid (SO2)	–80 bis 90 %	
Stickoxide (NOx)	–80% bis 2005	
Ammoniak (NH3)	–80 bis 90 %	
Flüchtige Organische Verbindungen (VOC)	–80% bis 2005	
Synthetischer Stickstoffdünger	–100 %	
Biozide in der Landwirtschaft	–100%	
Bodenerosion		–80 bis 90 %

[1] Primärenergieverbrauch bezogen auf die Wertschöpfung (Brutto-Inlandsprodukt)

[2] Verbrauch nicht erneuerbarer Primärmaterialien bezogen auf die Wertschöpfung
bei jährlichen Wachstumsraten des Brutto-Inlandsprodukts von 2,5 %. Allerdings ist zu betonen, dass die Erreichung der langfristigen Umweltziele bei anhaltendem Wirtschaftswachstum nicht gelingen kann.

Gerhard Voss · **Der Irrtum des Verzichts**

Die wirtschaftlichen, sozialen und ökologischen Entwicklungen auf dem Planeten Erde sind von dem Prinzip der Nachhaltigkeit weit entfernt. Sustainable development ist deshalb das richtige Leitbild auf dem Weg in das 21. Jahrhundert. Die ökologische Tragfähigkeit der Erde muss erhalten bleiben.

Dieses Ziel wird sich aber nur mit einer Strategie verwirklichen lassen, die technischen Fortschritt und Wirtschaftswachstum verstärkt für die Erhaltung der natürlichen Lebensgrundlagen nutzt. Die Wachstumsstrategie stößt aber zunehmend auf Skepsis. Größere Akzeptanz haben Vorschläge, die das Nachhaltigkeitsprinzip genau umgekehrt auslegen: Als zukunftsfähig gelten eine Wirtschaft und Gesellschaft, die Wachstumsverzicht üben und die Materialintensität des Wirtschaftens beschränken. Das Wuppertaler Institut für Klima, Umwelt und Energie glaubt, auch die quantitativen Dimensionen einer solchen Verzichtsstrategie zu kennen: Rückgang der vom Menschen verursachten Stoffumsätze auf die Hälfte. Da die Industriestaaten mit zwanzig Prozent der Erdbevölkerung achtzig Prozent der Stoffströme lenken, sollen sie ihren Umweltverbrauch sogar um den Faktor zehn, also um neunzig Prozent, bis zum Jahr 2050 einschränken – und zwar auf zweierlei Weise:

– Erstens mit Hilfe einer »Effizienzrevolution«, die alle technischen Möglichkeiten zum Energie- und Rohstoffsparen unabhängig von der Wirtschaftlichkeit anwendet.

– Zweitens aber auch mit einer darüber hinausgehenden Suffizienzrevolution, also mit einer Verringerung des Lebensstandards. Wirtschafts- und umweltpolitisches Handeln, das dem Prinzip der Nachhaltigkeit entspricht, bedeutet aus dieser Sicht immer: Bewirtschaftung eines gegebenen Bestandes.

Zu diesem Konzept des qualitativen Wachstums, das Wirtschaftswachstum auch in den Dienst der Umwelt- und Ressourcenschonung stellt, gibt es keine wirkliche Alternative. Das Wuppertal-Szenario reproduziert gleich drei schwerwiegende Irrtümer: Die regionsspezifischen Empfehlungen sind nicht zu begründen, der Grundsatz der weltweiten Gleichberechtigung bei der Ressourcennutzung ist ökologisch untauglich, und die wirtschaftlichen Verheißungen einer Verzichtsstrategie sind utopisch.

Die ökologischen Probleme auf der Erde, insbesondere die globalen Umweltprobleme wie der Klimaschutz, lassen sich nicht durch einen ökologischen Regionalismus lösen. Ziel muss sein, die internationale Arbeitsteilung besser in den Dienst des Umweltschutzes zu stellen.

Viele Apostel der Nachhaltigkeit, so auch die Wuppertaler, setzen aber auf eine »Renaissance der Orte«, auf autarke, regionale Einheiten. Der »Umweltraum«, der die lebenswichtigen Ressourcen der Erde umfassen soll, wird schablonenhaft auf beliebige Einheiten – Kontinente, Staaten, Landschaften – projiziert. Diese Ausrichtung abstrahiert so weit von den tragenden, weltweiten Entwicklungstrends, dass sich daraus keine realistischen Handlungsanleitungen ergeben können, tatsächlich wachsen Kontinente, Staaten und Regionen immer mehr zusammen und lösen sich vom Prinzip einer standörtlich verstandenen Nachhaltigkeit. Verbunden damit ist ein intensiver weltweiter Warenaustausch mit riesigen Material- und Ressourcenströmen, die es zu beherrschen, nicht aber zu stoppen gilt.

Die Anfänge für eine bessere ökologische Ausrichtung der internationalen Arbeitsteilung sind bereits gemacht. Beim Abschluß der Uruguay-Runde des Gatt wurde die Bedeutung von Umweltbelangen in der neuen Welthandelsorganisation WTO herausgehoben. Diese Chancen gilt es jetzt zu nutzen – nicht aber, die internationale Arbeitsteilung abzuschaffen. Auch die sympathische Idee, jedem Erdenbürger das gleiche Anrecht auf die Nutzung der Ressourcen des am grünen Tisch definierten Umweltraums zuzugestehen – Energie, Wasser, Fläche – ist keineswegs zukunftsorientiert.

Zunächst liefert dieses Postulat keinerlei Beitrag zur Definition und Lokalisierung von Umweltproblemen. An die Stelle einer problemorientierten, emissionsmindernden Umweltpolitik träte die allzu simple Gleichung: Wenn insgesamt weniger Ressourcen ge- und verbraucht würden, sänken auch global die Umweltbelastungen. Der Weiterentwicklung einer problemorientierten, innovatorischen Umweltpolitik würde damit der Weg abgeschnitten.

Eine solche Strategie der Ressourcenbewirtschaftung verspricht weder neue, zukunftsträchtige Arbeitsplätze noch mehr Lebensqualität. Ökonomisch gesehen, handelt es sich vielmehr um ein klassisches Szenario der quantitativen und qualitativen Wachstumsdrosselung. Eine solche ökologisch motivierte, irrationale Wachstumsdrosselung läuft auf eine simultane Verletzung aller wirtschafts- und sozialpolitischen Ziele und letztlich auch des Umweltschutzes hinaus: Ohne Wirtschaftswachstum würde das Ziel der Vollbeschäftigung in noch weitere Ferne rücken, eine ausgeglichene Außenbilanz wäre unmöglich, und Preisstabilität könnte kaum mehr erwartet werden.

Vor allem aber: Ohne Wirtschaftswachstum kann noch nicht einmal erwartet werden, dass mit den Naturgütern effizienter umgegangen wird. Denn dazu sind technischer Fortschritt und Investitionen nötig. In einer stagnierenden oder gar schrumpfenden Wirtschaft fehlt dazu sowohl die Bereitschaft als auch die Fähigkeit. Erst steigende wirtschaftliche Effizienz mit technischem Fortschritt garantiert ökologische Entlastungen, sie führt zu weniger Abfall und zu reduziertem Rohstoff- und Energieeinsatz.

In einer stagnierenden oder gar schrumpfenden Wirtschaft fehlt schließlich auch der Spielraum zur Entschärfung der Verteilungskonflikte. Besonders geraten die Systeme der sozialen Sicherung in Gefahr. Bei weiter wachsender Arbeitslosigkeit und stagnierendem oder gar sinkendem Sozialprodukt müssten Beitragszahler und Rentner drastische Einkommenseinbußen hinnehmen.

Gerade vor diesem Hintergrund der Wachstumsdrosselung erweist sich die Strategie »zukunftsfähiges Deutschland« als eine ökologische Vision ohne wirtschaftliche und soziale Perspektive. Sie müsste letztlich unverhältnismäßig und unzumutbar tief in das Leben der einzelnen Menschen und gesellschaftlichen Gruppen eingreifen. Verzicht auf wachsende Einkommen müsste befohlen und der technische Fortschritt vorgeschrieben werden. Mit einer solchen Umsetzung des Prinzips der Nachhaltigkeit ist der Weg in die ökologische Planwirtschaft, in die menschenverachtende »Ökodiktatur« vorgezeichnet.

DIE ZEIT. – Nr. 45 vom 3. 11. 1995. – a. a. O. – S. 54 f.

1) Welche Irrtümer glaubt Voss in dem Modell des Wuppertal-Instituts ausgemacht zu haben? Wie beurteilen Sie seine Kritik?

2) »Ohne Wirtschaftswachstum kann noch nicht einmal erwartet werden, dass mit den Naturgütern effizienter umgegangen wird.« Wie kommt der Autor zu einer solchen Aussage? Wie sieht seine Alternative aus?

3) Verzicht oder Wachstum – welcher der beiden Wege führt uns eher zu einer angestrebten »nachhaltigen Entwicklung«? Wie begründen Sie Ihren Standpunkt?

6.3 Der Weg der Aktionen

Kuno Kruse; Dirk Kurbjuweit; Sabine Rückert ·**Manager unter dem Regenbogen**

Vor dem Mururoa-Atoll entern französische Kampfschwimmer die Rainbow Warrior

Hier im Pazifik begann vor mehr als zwanzig Jahren der Mythos der Regenbogenkämpfer. McTaggart, heute 63 Jahre alt, der sich bis dahin nach eigenem Bekunden nur für Schnaps, Sex, Zigaretten und Sport interessiert hatte, wurde am Atoll zum Helden. An Bord seiner Segeljacht *Vega* tauchte er im Juni 1972 am südöstlichen Ende des Tuamotu-Archipels auf, wo das französische Militär gerade ein Areal von 350 000 Quadratkilometern zum militärischen Sperrgebiet erklärt hatte, um über dem Mururoa-Atoll ungestört seine Atombomben zu testen. Mit an Bord war ein Häufchen umweltbewegter kanadischer Hippies: die Greenpeace-Urzelle, die sich ein Jahr zuvor zusammengeschlossen hatte.

Einen Monat lang trotzte die *Vega* den Winterstürmen, kreuzte in den internationalen Gewässern des Sperrgebietes und verhinderte so die Zündung der Testbombe. Von einem Marineboot gerammt und schwer beschädigt, gab sie endlich auf. Doch im nächsten Jahr, zu Beginn der nächsten Testserie, lag McTaggarts Schiff wieder in der Winddrift des radioaktiven Fallouts.

Vor zehn Jahren wurde die erste *Rainbow Warrior* in einem neuseeländischen Hafen vom französischen Geheimdienst versenkt. Auch ihre Mission war der Stopp der Atomtests gewesen. Ein portugiesischer Fotograf wurde von der Zeitbombe getötet. Der französische Verteidigungsminister musste aufgrund internationaler Proteste zurücktreten. Denn nun war Greenpeace schon wer: das schlechte Gewissen des Globus.

Deshalb hatte Greenpeace mehr und mehr auf langfristiges und zukunftsweisendes Engagement gesetzt. Dabei wurden Erfolge erzielt, die nie so recht ins Bewusstsein der Öffentlichkeit drangen, obwohl sie für das Leben der einzelnen Bürger weit mehr Bedeutung haben als eine Plattform, die nicht im Meer versenkt wird.

– Der Chemieriese Hoechst ist auf Druck der Umweltschützer aus der Chlorparaphinproduktion ausgestiegen.

– Der Antarktisvertrag ist unterzeichnet: Am Pol darf weder nach Öl gebohrt noch nach Erz gegraben werden, ebenso sind Militärstationen verboten. Die Greenpeace-Forschungsstation bleibt.

– Der Regierungschef von British Columbia in Kanada hat das Konzept von Greenpeace für eine ökologische Nutzung des Regenwaldes akzeptiert.

– Im März wurden die letzten deutschen Giftmüllfässer, die Greenpeace in Albanien aufstöberte, auf Lastwagen verladen und zum Absender zurückbefördert. Es gibt keine Giftmüllexporte mehr.
– Der Kühlschrank ohne FKW, entwickelt im Auftrag von Greenpeace, ist in jedem Kaufhaus zu haben.
– Das Deutsche Institut für Wirtschaftsforschung hat in einem Gutachten erstmals vorgerechnet, dass eine Ökosteuer der Wirtschaft nicht schadet. Auftraggeber der Studie war Greenpeace.
Auch bei der Brent Spar stimmte alles. Schlauchboote, Wasserfontänen, Hubschrauberakrobatik, gefährliche Abseilmanöver, und vor den Fernsehapparaten stockte den Menschen der Atem. Dass die Bilder ihre Zuschauer gestochen scharf und in Farbe erreichen, dafür hat Greenpeace modernste Übertragungstechnik an Bord der Schiffe. Feste Satellitenleitungen und aufwendige Computertechnik zur Datenkomprimierung vervieltausendfachen jede Aktion. Ganze Nationen ließen sich mobilisieren und wechselten die Tankstelle. Zindler (Greenpeace-Kämpfer aus Hamburg): »Es war ein Symbol. Auch Frau Müller und Herr Meier haben es verstanden. Jedes Gurkenglas tragen sie zum Recyceln, und Shell versenkt eine ganze Ölplattform.«
Auch das Timing war wie aus dem Drehbuch. Der Entscheidungsprozess dauerte exakt so lange wie der Schleppzug ins offene Meer, und der Volkszorn kochte wie zum bestellten Zeitpunkt. Shell spielte die Rolle des bösen Buben par excellence, uneinsichtig und sprachlos. Ein übermächtiger Gegner, der drittgrößte Konzern der Welt, nahm es vergeblich mit dem Zwerg auf, der sich über Kameras und Satellitenfunk zum Scheinriesen blähte.
Doch Greenpeace will nicht die Ökodiktatur. Bode und seine Leute beteuern, auf dem Boden der Verfassung zu stehen. Statt weniger Demokratie wolle man mehr Information und Mitbestimmung der Bevölkerung, was Umweltfragen betrifft. Sie verstehen sich als Lobbyisten der Umwelt, eines Klienten, der keinen Rechtsstatus hat, kein Gericht anrufen kann und dessen Wohlergehen doch für alle lebensnotwendig ist. »Wir sind gemeinnützig«, sagt Thilo Bode und beruft sich auf die Verfassung.
Greenpeace ist die Revolution der Reichen. Man kann etwas tun! Noch ist nicht alles verloren! Das signalisiert die schnelle Eingreiftruppe unterm Regenbogen. Und jedesmal vollzieht sich die Weissagung der kanadischen Cree-Indianer, auf die Greenpeace sich beruft: Kurz bevor der weiße Mann alles vernichtet habe, werde ein neues Geschlecht von Kriegern auftauchen, um die Erde zu retten, die Kämpfer des Regenbogens. Und dieser archaische Mythos wird professionell inszeniert, mit Hilfe der Medien und ihrer Bilder, ...

DIE ZEIT. – Nr. 29 vom 14. 7. 1995. – a. a. O. – S. 9 f.

1) **Wie ist der »Mythos Greenpeace« entstanden? Welche wichtigen Erfolge konnte die Organisation bisher verbuchen? Nennen Sie Fakten und Beispiele.**
2) **Wie arbeitet Greenpeace? Welches sind die wichtigsten Prinzipien und Methoden?**
3) **Können Sie sich vorstellen, die Organisation Greenpeace finanziell zu unterstützen oder aktiv an einer Aktion teilzunehmen, wie an Öffentlichkeitsarbeit oder gar an einem aktiven Einsatz? Begründen Sie Ihre Antwort.**

Fritz Vorholz im Gespräch mit Greenpeace-Chef Thilo Bode · »Wohlfeil, aber willkommen«

ZEIT: Herr Bode, Shell hat auf die Versenkung der Brent Spar verzichtet. Sind Sie stolz auf Ihren Sieg über den Ölkonzern?

BODE: Wir sind natürlich auch etwas stolz, ja.

ZEIT: Nur etwas? Immerhin hat Greenpeace doch seinen bisher größten Erfolg erzielt.

BODE: Vor allem handelt es sich um einen Sieg der Öffentlichkeit und der Verbraucher. Und für uns ist es in erster Linie ein sehr starker öffentlicher Erfolg.

ZEIT: Auch ein Spendenerfolg?

BODE: Das weiß ich noch nicht genau. Aber normalerweise honorieren unsere Förderer gute Arbeit.

ZEIT: Mit Ihrer Aktion haben Sie eine bisher einmalige Mobilisierung zu Stande gebracht. Die Schar Ihrer Unterstützer reichte vom Kirchentags-Präsidenten bis zum Bundeskanzler. Normalerweise gehören die nicht alle zu den Freunden von Greenpeace.

BODE: Das liegt daran, dass die Konstruktion dieses Projektes ziemlich einmalig war. Niemand hat doch verstanden, dass Shell seine Plattform versenken wollte. Wichtig war sicherlich auch, dass Deutschland keine vergleichbaren Bohrinseln hat, und natürlich hat der Protest vielen gar nicht weh getan, vor allem den Autofahrern nicht. Die konnten einfach zur nächsten Tankstelle fahren. Die Bedingungen waren also optimal dafür, eine Verbraucherbewegung zu organisieren.

ZEIT: Sehen Sie Möglichkeiten, solche Bewegungen auch für andere, vielleicht weniger spektakuläre umweltpolitische Ziele zu initiieren?

BODE: Die Verbrauchermacht hat ja schon immer zu den Hebeln unserer Kampagnen gehört. Denken Sie an den Fischereiboykott gegen Island, der durch Handelsketten wie Tengelmann unterstützt worden ist und der zum Stopp des Walfangs geführt hat; oder an die Verbrauchermobilisierung, mit der wir die Bestellungen des Greenfreeze-Kühlschrankes bei Neckermann organisiert haben. Nach den Erfahrungen der jüngsten Kampagne müssen wir aber in der Tat darüber nachdenken, ob wir dieses Instrument vielleicht noch effektiver einsetzen können.

ZEIT: Vor allem haben Sie doch Schwierigkeiten, wenn es um die normale Umweltverschmutzung geht?

BODE: Es ist in der Tat viel einfacher, die Leute davon zu überzeugen, statt bei Shell bei Esso zu tanken, als davon, generell weniger zu tanken.

ZEIT: Liegt das vielleicht auch daran, dass andere Projekte bei den potenziellen Unterstützern Kosten verursachen würden?

BODE: Genau. Wenn wir Projekte machen, bei denen es an den eigenen Geldbeutel geht, bei denen es auch Verlierer im eigenen Land gibt, dann wäre es nicht so leicht, noch einmal eine solch breite Unterstützung hinzukriegen. Wäre es anders, dann dürfte es ja gar keine Umweltprobleme mehr geben.

ZEIT: So betrachtet war die Solidarisierung doch ein gutes Stück wohlfeil, oder?

BODE: Wohlfeil, aber willkommen.

ZEIT: Man hört, dass die Kampagne gegen die Brent Spar nicht unumstritten war. Sie selbst sollen anfänglich auch skeptisch gewesen sein.

BODE: Nein. Im Gegenteil, ich war ziemlich begeistert. Meine einzige Befürchtung war, dass die Sache vielleicht zu lange dauern würde und dass wir in einen Dauerkonflikt kommen, den wir nicht durchstehen. Wenn wir den ganzen Sommer über die Plattform hätten besetzt halten müssen, dann wären wir in nicht unbeträchtliche finanzielle und logistische Probleme gekommen. Das war meine Befürchtung. Ansonsten habe ich immer gesagt: Wenn wir das in relativ kurzer Frist abschließen können, dann ist das eine ganz tolle Geschichte, weil die Sachlage klar ist, einen hohen Symbolgehalt hat und weil keine Organisation außer Greenpeace so etwas machen kann.

ZEIT: Aber innerhalb von Greenpeace gibt es doch einen Streit darüber, welche Strategie zukunftsträchtig ist: Aktionismus à la Brent Spar oder seriöse Themen wie die ökologische Steuerreform. Brent Spar war ...
BODE: ... Greenpeace classics ...
ZEIT: ... und ein Rückschlag für die Modernisierer.
BODE: Ich sehe das nicht so. Wir haben in der Vergangenheit in der Tat darüber debattiert, ob sich die alten Aktionen totlaufen. Aber seit etwa einem Jahr sind wir uns darüber einig, dass wir beides machen müssen: klassische Konfrontation und technologische Konfrontation. Auch bei der Brent Spar haben wir ja nicht nur nein gesagt, sondern wir haben auch eine Alternative angeboten: Entsorgung an Land. Es gibt also keinen Ideologiestreit bei Greenpeace, sondern höchstens Diskussionen über die Ausgestaltung von Kampagnen. Grundsätzlich sind wir uns darüber einig, dass wir flexibel das tun müssen, was den größten Erfolg bringt.
ZEIT: Dass Sie Shell niedergerungen haben, war also kein Sieg mit der falschen Strategie?
BODE: Keineswegs.
Die Zeit. – Nr. 26 vom 23. 6 1995. – a. a. O. – S. 20

1) »Wohlfeil, aber willkommen«, sind Bodes Worte. In welchem Zusammenhang gebraucht er sie? Was möchte er damit sagen?
2) Am Ende des Interviews ist von zwei Strategien die Rede, der klassischen und der technologischen Konfrontation. Was ist darunter jeweils zu verstehen?
3) Wie bewerten Sie diese Greenpeace-Aktion?
4) Wie bewerten Sie grundsätzlich Aktionen privater Umweltorganisationen?

Joachim Wille im Gespräch mit Shell Deutschland-Chef Peter Duncan über die Ölindustrie und Greenpeace • »Brent Spar war ein geniales Theaterspiel«

FR: *Herr Duncan, was geht Ihnen durch den Kopf, wenn Sie abends am Bildschirm die Bilder von der ölverschmierten walisischen Küste sehen?*
Peter Duncan: Das ist schrecklich. Das ist eine Katastrophe, in erster Linie für die Umwelt, aber auch für die gesamte Ölindustrie.
Sie sind doch fein raus. Die »Sea Empress« fuhr für Texaco, nicht für Shell.
Nein. Die Probleme eines Unternehmens sind bei solchen Katastrophen auch die Probleme der ganzen Branche. Und Schadenfreude ist schon gar nicht am Platze.
Es kann Sie morgen treffen?
Man kann das nie völlig ausschließen, trotz aller Bemühungen, höchste Sicherheit zu garantieren. Die Öl-Unternehmen müssen gemeinsam alles daran setzen, dass so etwas nicht wieder passiert.
Trotzdem hat Ihr Konzern im vergangenen Jahr hier die größte Image-Pleite mit dem Plan erlebt, die Ölplattform Brent Spar im Atlantik zu versenken.
In der Rückschau ist klar: Wir haben einen Fehler gemacht. Fragt sich nur, ob es ein Fehler im ökologischen Verhalten war oder einer in der Öffentlichkeitsarbeit. Ich bestreite niemandem das Recht, grundsätzlich gegen die Versenkung von Ölanlagen zu sein, und natürlich kann man Brent Spar als Symbol für alles sehen, was mit der Nordsee und dem Atlantik passiert. Tatsächlich war »Brent Spar« ein geniales Theaterspiel. Es wurde von Greenpeace inszeniert, und alle spielten mit: Shell selbst, die Politik,

die Medien, auch die Kirchen. Sie spielten so gut, das der Regisseur es kaum fassen konnte.

Der Hauptdarsteller war am besten. Mit seinen Wasserwerferschlachten gegen den Öko-David fesselte er das Publikum.

Und verhinderte so, dass überhaupt eine Debatte über die Umweltfrage Brent Spar geführt wurde. Tatsächlich sind die Meinungsunterschiede zwischen Shell und Greenpeace über den richtigen Umgang mit alten Ölplattformen doch gar nicht so groß. Greenpeace räumt ein, dass sie, wenn sie ganz sauber sind, versenkt werden können. Wir sagen, dass die weit überwiegende Mehrheit der Ölplattformen in der Nordsee an Land entsorgt werden muss. Brent Spar war dummerweise Fall Nummer eins, weswegen dem Ganzen fälschlicherweise eine Pilotfunktion zugemessen wurde. Niemand wollte mehr hören, dass der Öl-Lagertank Brent Spar mit den Ölbohrinseln gar nicht zu vergleichen ist. Es war nie geplant, alle 400 Ölanlagen der ganzen Förderindustrie zu versenken. Shell hat aus der Sache gelernt, dass die Öffentlichkeit von Land zu Land oft ganz unterschiedlich reagiert und dass man dies als multinationaler Konzern berücksichtigen muss. Wir können Entscheidungen also nicht mehr alleine unter technischen Gesichtspunkten treffen.

Angenommen, nicht Shell London, sondern Shell Hamburg hätte über das Schicksal von Brent Spar entscheiden müssen. Wäre das Ergebnis anders ausgefallen?

Heute ist leicht reden. Ich selbst fand die Entscheidung pro Versenkung damals in Ordnung. Ich gebe also zu: Ich habe mich in Bezug auf die Öffentlichkeit verschätzt. Andere waren schon damals klüger. Aber wie man dann richtig auf die öffentliche Meinung reagiert, ist eine schwierige Frage. Wahrscheinlich mit viel besserer Aufklärung und Offenheit.

Zumindest ohne Wasserwerfer.

Richtig.

Reden Sie noch mit Greenpeace?

Sicher. Ich habe sogar gerade einen Beitrag für das »Greenpeace-Magazin« geschrieben. Shell hat immer mit den sogenannten nichtstaatlichen Organisationen gesprochen. Sie spielen eine immer wichtigere Rolle, auch wenn sie nicht immer mit objektiven Informationen arbeiten. Es ist durchaus gut für ein Unternehmen, von Zeit zu Zeit von dieser Seite unter Druck zu kommen, quasi als Korrektiv für die primär ökonomische und technische Ausrichtung. Shell wird die Kontakte zu Greenpeace, zum WWF oder zu Amnesty International weiter pflegen. Wir werden sie sogar mehr anhören als in der Vergangenheit. Und vielleicht werden sie auch unsere Argumente besser verstehen.

Erwarten Sie, dass Greenpeace einer Versenkung der Brent Spar zustimmt?

Das müssen Sie Greenpeace schon selber fragen.

FRANKFURTER RUNDSCHAU. – Nr. 47. – 24. 2. 1996. – S. 12 f.

1) Was wirft Peter Duncan der Organisation Greenpeace hinsichtlich der Brent-Spar-Aktionen vor?

2) Welche Fehler seines Unternehmens räumt er ein?

3) Welche Fragen würden Sie dem Interview hinzufügen?

7 Sehnsucht nach Veränderung

Horst-Eberhard Richter · **Die Menschen wollen Zeugnis ablegen**

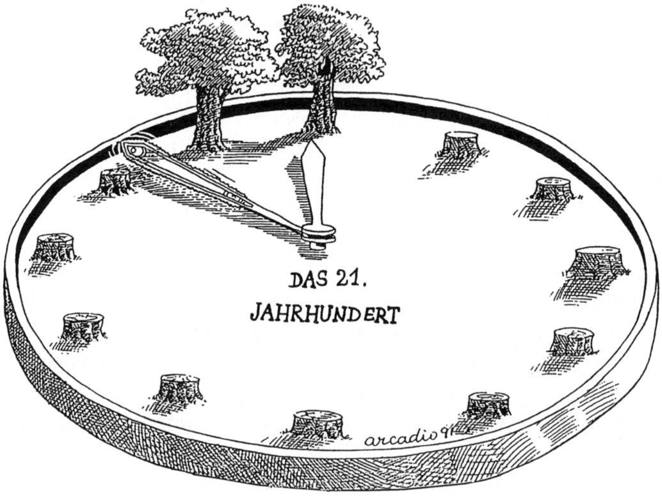

Wo Aggression in der chaotischen Irrationalität wie in Bosnien wütet, erleben alle eine schreckliche Hilflosigkeit. Aber wo Destruktivität sich wie im Falle der Atomrüstung und Chiracs Testprogramm als pure Rationalität ausgibt, als defensive Sicherung oder Abschreckung, da ist die Hoffnung begründet, sie mit gewaltlosen Mitteln zum Rückzug zu nötigen.
Wenn das Europäische Parlament in Straßburg, wenn Regierungen und Protestgruppen in zahlreichen Ländern die Mururoa-Atomwaffenversuche verurteilen, so gewiss zuallerletzt aus antifranzösischem Ressentiment. Große Scharen von Franzosen, darunter kein Geringerer als Chiracs Vorgänger Mitterrand, teilen die weltweit verbreiteten Bedenken. Die französischen Diplomaten im Ausland rufen hervor, was sie verhindern wollen, wenn sie die Atomtestgegner der Feindschaft gegen Frankreich bezichtigen, so wie es einst die amerikanischen und die Bonner Nachrüstungspolitiker gemacht haben, als sie der deutschen Friedensbewegung pauschal »Antiamerikanismus« vorwarfen. Aber die Gefahr ist nicht ganz gering, dass, was jetzt schon hier und da napoleonische Arroganz genannt wird, den Widerwillen gegen Chiracs atomares Auftrumpfen in die falschen Bahnen lenkt.
Wenn ich nun als Psychoanalytiker erlebe, dass Medien, politische und kirchliche Gruppen, auch Greenpeace selbst dazu einladen, dass man sich zu den psychologischen Hintergründen der sozialen Prozesse um Brent Spar und Mururoa äußern möge, so frage ich mich, was das eigentlich heißt. Welches ist genau das Bedürfnis, das befriedigt werden soll?
Geht es nur darum, etwas Unerwartetes auf psychologische Begriffe zu bringen? Der Schweizer Psychoanalytiker Rothschild benutzte einmal gesprächsweise den Terminus »Mitscherlichisation« für die Herstellung von Befriedigung durch passende psychologische Etikettierung rätselvoller Phänomene. Irrational erscheinende Verhaltensweisen Einzelner oder von Massen erscheinen weniger beunruhigend, wenn man sie intellektuell einordnen,

wenigstens mit treffend erscheinenden Bezeichnungen versehen kann. Allerdings wollte gerade Mitscherlich zweifellos mehr als eine solche Intellektualisierung bewirken, als er seinerzeit die Schwierigkeit der Deutschen deutete, sich offen mit der Nazizeit auseinanderzusetzen. Er wollte den Erinnerungsprozess fördern, also etwas therapeutisch bewirken.

Aber was suchen die Leute jetzt als Hilfe von der Psychologie im Falle von Brent Spar und Mururoa? Die Motive von Shell und Chirac liegen offen zutage. Auch von Greenpeace wissen alle, was diese Leute wollen.

Aber da ist in der Tat noch etwas Ungewöhnliches, schwer Begreifliches. Warum nimmt der zuvor unendlich zersplitterte, eingeschüchterte und oft schon als bloße Betroffenheitsromantik belächelte ökologische und antiatomare Widerstand plötzlich solche dramatischen Ausmaße an? Haben nur die günstigen Begleitumstände dem Protest gegen Shell die entscheidende Durchschlagskraft verliehen? Oder ist da etwas in den Menschen aufgebrochen, was sich lange angestaut hatte und vielleicht in Zukunft wichtigen Einfluss ausüben kann? Wie steht es mit diesem geheimnisvollen Potenzial, das nicht nur Chirac überrascht, nachdem keiner der früheren Mururoa-Atomtests, selbst der letzte mit dem Terroranschlag auf die Rainbow Warrior I, ahnen ließ, was für einen weltweiten Aufruhr das neue Versuchsprogramm entfesseln würde?

Das Ungewöhnliche liegt in dem fantastisch anmutenden Umschlag von resignativer Anpassung in Bereitschaft zum Aufbegehren. Was bedeutet der Umschlag? Ist es wirklich nur ein Strohfeuer? Ein momentanes Sichaufbäumen, mit dem es prompt wieder vorbei sein könnte, sollte Chirac anders als Shell sein Programm halsstarrig durchziehen? Wird das, was sich im Augenblick als echte neue Bewegung darzustellen scheint, Rückschlägen standhalten können?

Es mag also so sein, dass in den Anfragen an den Psychoanalytiker auch die Erwartung steckt, er wüsste, wie stark die gesellschaftlichen Selbstheilungskräfte sind, die sich im aktuellen Widerstand gegen Umwelt- und atomare Bedrohung melden. Er könnte vielleicht voraussagen, ob die Menschen hinreichend bereit sind, die Politik und sich selbst mitzuverändern, was die skeptischen Prognostiker wie Paul Kennedy stark bezweifeln.

Man möchte hoffen, die derzeitige Situation enthalte in der Tat eine massenhafte Sehnsucht der Menschen nach der Einstellungsveränderung. Und sie entspreche damit dem von Erik Homburger Erikson geschilderten Spezialfall, in dem Psychoanalytiker die Menschen darin unterstützen könnten, klarer zu sehen, was diese ohnehin schon fast wollen, und was sie, wenn sie es deutlicher erkennen, auch eher tun können.

Die Anzeichen, dass diese Sehnsucht gewachsen ist, sind allenthalben zu spüren. Vor ein paar Tagen stand ich als Arzt in der IPPNW (Internationale Ärzte und Ärztinnen für die Verhütung des Atomkrieges) zusammen mit meiner Frau und ihrer Gruppe der »Frauen für den Frieden« in der Fußgängerzone unserer Provinzstadt Gießen, vor uns ein Tisch mit Informationsmaterial und Unterschriftenlisten, hinter uns, auf einer großen Leinwand, die Mahnung: »Stoppt die Atomtests!« In drei Stunden hatten die Frauen 800 Unterschriften für einen Brief an Chirac gesammelt. Viele freuten sich über die Initiative und bedankten sich dafür. Zahlreiche Mütter mit kleinen Kindern waren darunter, Schülerinnen und Schüler, alte Menschen, erstaunlich viele Ausländer. Die nächste Aktion steht schon bevor.

Wir wunderten uns selbst über die Zahl derer, die sich interessiert zeigten, sich näher erkundigten, sorgfältig die Informationstexte studierten und geduldig in der Schlange verharrten, bis sie zur Unterschrift an der Reihe waren. Zumeist drückten sie ihre Zustimmung leise, freundlich, wie eine Selbstverständlichkeit aus. Die abseits blieben, äußerten sich nicht abfällig. Es wird nicht heftig gestritten wie zur Zeit der Demonstrationen in den achtziger Jahren. Ich habe auch keine einzige antifranzösische

Emotion wahrgenommen, überhaupt keine Aufgeregtheiten. Es sieht ganz so aus, als komme da etwas aus dem Innern, wovon die Leute einfach Zeugnis ablegen wollen. Die Stimmung ist wohlwollend, eher entspannt. Es scheint ein Zeichen zu sein, dass die Menschen eher für als gegen etwas sein wollen: Für einen Schutz des Lebens, für die atomar bedrohten Völker, für die Gesundheit der Kinder.

Wie weit die Tendenz tragen wird, kann man passiv abwarten, besser aber, belehrt durch den Fall Brent Spar, durch eigenes Engagement ein wenig mitbeeinflussen versuchen. Das Unterschreiben ist ein Anfang. Bloßes Zuschauen bahnt wiederum Anpassung und am Ende die Bereitschaft zur Unterwerfung an.

Die Zeit. – Nr. 32 vom 4. 8. 1995. – a. a. O. – S. 8.

1) Richter spricht im Hinblick auf die Anteilnahme der Öffentlichkeit an den beiden letzten Aktionen von Greenpeace von einem »Umschlag«. Dazu stellt er vier Fragen. Wie würden Sie diese beantworten?
2) Am Ende wird eine Unterschriftenaktion beschrieben. Können Sie sich vorstellen, daran als Unterzeichner oder gar als Sammler teilzunehmen, oder lehnen Sie so etwas ab? Welche Gründe sind für Sie maßgeblich?
3) Was möchten Sie selber einmal für eine zukunftsfähige Erde tun? Was, denken Sie, sollten private oder nationale bzw. internationale Institutionen für das zukünftige Leben auf unserem Planeten tun?
4) Der Autor spricht von einer »Sehnsucht der Menschen nach einer Einstellungsveränderung«. Welche Anzeichen gibt es für diese Sehnsucht?

Glossar

Absorptionsspektroskopie: (lat.; absorbere = verschlingen, spectrum = Schemen, Erscheinung). Mit Hilfe der A. kann die exakte Zusammensetzung der Atmosphäre an jedem beliebigen Punkt gemessen werden. Das Gerät dazu kann ein sogenanntes Grillspektrometer sein.
AEPI-Experiment: Atmospheric Emissions Photometric Imaging. U.a. wollte man damit ergründen, ob in der Ionosphäre Materie anzutreffen ist und welcher Art diese ist.
Anthropozentrimus: Jede Auffassung, nach der der Mensch und sein Geschick Mittelpunkt und Zweck des Weltganzen sind.
Bariloche: Ort in Argentinien
Biokratie: Die Auffassung, dass der Mensch rein biologische Gesetze zur Richtschnur seines Denkens und Handelns macht.
Biozentrismus: Die Auffassung, nach der das organische Leben Mittelpunkt des Weltganzen ist.
Club of Rome: Eine internationale Vereinigung renommierter Geschäftsleute, Politiker und Wissenschaftler. Diese beauftragten 1970 das Massachusetts Institute of Technologie (MIT) in Cambridge (USA), die Ursachen und Folgen des Wachstums der Bevölkerung, des Industriekapitals, des Rohstoffverbrauchs und der Umweltverschmutzung zu analysieren.
Determination: Bestimmtsein, Festgelegtsein; Eine Krankheit kann zum Beispiel durch ein fehlendes Gen determiniert sein.
DNS: (engl.: DNA) Desoxyribonukleinsäure. Trägersubstanz der Erbinformationen
Eid des Hippokrates: Eidesformel, die mit dem griech. Arzt Hippokrates in Verbindung gebracht wird und auf die noch heute Ärzte verpflichtet werden. Darin heißt es u. a.: »Verordnungen werde ich treffen, zum Nutzen der Kranken nach meinem Vermögen und Urteil, mich davon fernhalten, Verordnungen zu tref-

fen zu verderblichem Schaden und Unrecht.«

embryopathisch: im embryonalen Zustand erlitten

emphatisch: mit Nachdruck, eindringlich, einfühlsam

Epigonen: Menschen, die ohne schöpferische Kraft auf den Leistungen großer Persönlichkeiten aufbauen

Eremonzoikum: Zeitalter der Einsamkeit; eine Wortschöpfung des Autors

Eugenik: Forschung und Lehre von den Einflüssen, welche die angeborenen und erblich wertvollen Eigenschaften eines Volkes verbessern. Die E. wurde im Dritten Reich verbrecherisch missbraucht.

Evolution: Die Entwicklung der heutigen Formen und Artenvielfalt der Lebewesen, aber auch die revolutionslose, gewaltlose Entwicklung von Gesellschaftsformen.

Exponentielles Wachstum: Zunahme einer Größe, wobei der relative Zuwachs in gleichen Zeitabschnitten stets einem bestimmten Prozentsatz der schon vorhandenen Menge entspricht, zum Beispiel das Anwachsen eines Bankkontos durch Zins und Zinseszins. Die Bevölkerung wächst exponentiell, wenn der jährliche Zuwachs einen gleichbleibenden Prozentsatz der schon vorhandenen darstellt.

ex-post-facto: (lat.; ex = aus; post = nach; factum = getan) nach einem bestimmten Zeitpunkt

FCKW: Fluorkohlenwasserstoff ist ein Treibgas in Sprühdosen, Kältemittel in Kühlaggregaten und Treibmittel in Schaumstoffen. Der Stoff gilt als Verursacher des Ozonlochs über der Antarktis.

GATT: Abk. für General Agreement on Tariffs and Trade allgem. Zoll- und Handelsabkommen zur Erleichterung der internationalen Wirtschaftsbeziehungen; Sonderorganisation der UNO mit Sitz in Genf

Genom: Gesamtheit der im einfachen Chromosomensatz vorhandenen Erbanlagen

hedonistisches Kalkül: Die Rechnung, die für eine sittliche Entscheidung den Gewinn und Verlust an Freude bzw. Lust der größtmöglichen Zahl von Menschen gegenüberstellt. Die eventuelle positive Bilanz ist maßgeblich für die Entscheidung.

Idealismus: Das Ideal ist Ziel und Leitbild werthaften Strebens. Der Idealismus wollte die Verwirklichung von Idealen. Er sah die Welt, wie sie sein sollte. Wichtige Vertreter: Kant, Fichte, Hegel, Schelling.

irreversible Umweltschäden: U., die nicht wieder rückgängig gemacht werden können.

Kategorischer Imperativ: Bei Kant das Sittengebot in der Form einer schlichten unbedingten Aussage. Die bekannteste Formulierung lautet: »Handle so, dass die Maxime deines Willens jederzeit zugleich als Prinzip einer allgemeinen Gesetzgebung gelten könne.« (Kritik der praktischen Vernunft, 1788)

Katharsis: bei Aristoteles und den Stoikern u.a.: die Reinigung der Seele von den Affekten; sittlich, religiös, mystisch: die Reinigung der Seele von den Sünden

Känozoikum: Neuzeit der Erdgeschichte

Klon: (engl.) durch ungeschlechtliche Vermehrung von einem Individuum abstammende Nachkommenschaft

Lotus-Esser: Der griechische Held Odysseus kam auf seiner Heimfahrt von Troja nach Griechenland zu den Lotus-Essern. Seine Gefährten vergaßen über dem Genuss des Lotus-Essens die Heimfahrt.

Lullische Kunst: das von Raymundus Lullos (1235–1315) entworfene System von obersten Begriffen, das durch immer neue Kombinationen zu neuen Wahrheiten führen sollte

Mesozoikum: mittlere Abteilung der Erdgeschichte: Trias, Jura, Kreide

Multi-User-Dungeon: Eine virtuelle Welt, bei der reale Personen am Computer mit anderen in dieser Welt agieren können. MUD´s werden zumeist über das weltweit verbreitete Internet »gespielt«.

Nachhaltigkeit: Zustand eines Systems, das sich so verhält, dass es über unbeschränkte Zeiträume ohne grundsätzliche oder unsteuerbare Veränderungen im Rahmen der gegebenen Umwelt existenzfähig bleibt und nicht in

den Zustand der Grenzüberziehung gerät. N. gibt die amerikanische Bezeichnung »sustainability« wieder.
Ökologie: Die Lehre von den Beziehungen der Lebewesen zur belebten und unbelebten Natur als Umwelt.
Ökosystem: Wirkungsgefüge unterschiedlicher Größenordnung, das insgesamt chemisch/physikalischen und biologischen Gesetzmäßigkeiten unterliegt
Postulat: (lat.) Forderung
Primat: (lat.) Kant lehrte den Primat der praktischen Vernunft vor der spekulativen.
Quantenphysik: (lat.; quantum = Teil) Derjenige Teil der Physik, der sich mit Quanten beschäftigt. Das sind Teile strahlender Energie, wie die des Lichts, der Wärme, der Elektrizität. Diese ändern sich nicht kontinuierlich, sondern sprunghaft in ganzen Vielfachen kleinster Elementarquanten.
Rassenhygiene: siehe Eugenik.
res cogitans/res extensa: (lat.; res = die Sache, das Ding, der Gegenstand; cogitare = denken; extendere = ausdehnen) das denkende Wesen/die ausgedehnte Sache; Begriffe Descartes´ zur Beschreibung der Welt. Sein Ziel war die mathematisch-physikalische Erklärung und damit die rationale Beherrschung des Wirklichen, das eben damit zum Objekt des Denkens degradiert wird.
Ressourcen: die für die menschliche Nutzung zur Verfügung stehenden natürlichen Rohstoffe und Hilfsmittel
sustainability: siehe Nachhaltigkeit. Das Wuppteral Institut übersetzt mit Zukunftsfähigkeit.
Syllogismus: (griech.) Der aus drei Urteilen bestehende Schluss vom Allgemeinen auf das Besondere, von Aristoteles eingeführt und definiert.
Telemetrie: (griech.) Das Messen der Entfernung vom Beobachter mittels eines optischen Geräts.
Utilitarismus: (lat. utilis = nützlich). Die Lehre, die im Nützlichen die Grundlage des sittlichen Verhaltens und das Ziel alles bewussten Handelns sieht und Ideale nur gelten lässt, sofern sie für den Einzelnen oder die Gemeinschaft nützlich sind.

Bildquellenverzeichnis

action press (M. Furrer/SABA), Hamburg: S. 90
action press (Hestoft/SABA-REA), Hamburg: S. 42
action press (Kratochvil/Saba), Hamburg: S. 21
AKG, Berlin: S. 18
AKG (J. Göpel), Berlin: S. 5
AKG Berlin, (Museo del Prado, Madrid): S. 54
Angelika Fritsch, Frankfurt a.M.: S. 61
argus: S. 34
Aus: BUND/Misereor (Hrsg.): Zukunftsfähiges Deutschland. – Basel: Birkhäuser Verlag AG, 1996. – S. 387.
© UNDP 1994: S. 98
CCC (Hans-Georg Rauch), München: S. 7, 11, 20, 37, 83
CCC (Vladimir Rencin), München: S. 25, 47, 71, 93
documenta-Archiv, Kassel: S. 96
dpa, Frankfurt a.M.: S. 19, 66
dpa (AFP/Greenpeace), Frankfurt a.M.: S. 103
dpa (Pfeiffer), Frankfurt a.M.: S. 90
Der Spiegel Nr. 45/1988, S. 256: S. 16, 17
DIE ZEIT Nr. 3 v. 12.1.1996 (Gisela Breuer): S. 34
DIE ZEIT Nr. 14 v. 29.3.1996 (Gisela Breuer): S. 38
DIE ZEIT Nr. 20 v. 10.5.1991(Arcadio, La Nacion): S. 108
D. Wiesmüller: S. 67
Helga Lade Fotoagentur (Photri), Frankfurt a.M.: S. 77
Interfoto (Flip Schulke Archiv), München: S. 9
Interfoto (H. Kacher), München: S. 15
Landesmuseum f. Technik u. Arbeit, Mannheim: S. 26
Meadows, Danella und Dennis: Die neuen Grenzen des Wachstums. – Stuttgart: Deutsche Verlagsanstalt, 1992. – S. 45; 122 ff.; 113.: S. 12, 13, 35
Okapia (Jeff Foott), Frankfurt a.M.: S. 24
© Petrus Wandrey: S. 45
© Spiegelverlag, Hamburg: S. 22, 23
Süddeutscher Verlag, München: S. 32
Wildlife (Mallwitz), Hamburg: S. 24
Wildlife (P. Hartmann), Hamburg: S. 25
W. Wiese, Hamburg: S. 94
Zeitverlag (K. Kalabis), Hamburg: S. 14